"十三五"职业教育国家规划教材

高等职业教育新形态一体化教材

U0324478

使用 SolidWorks 软件的机械产品数字化设计项目教程

（第 3 版）

罗广思　潘安霞　编著

高等教育出版社·北京

内容提要

　　本书是"十三五"职业教育国家规划教材,同时也是"十二五"江苏省高等学校重点教材。

　　本书基于 SolidWorks 计算机辅助设计软件,以企业真实产品为载体,以工作过程为导向,结合学生的认知规律和学习规律,构建了燃油箱吊座、手柄、音箱盖、滤清器管座、三通管、螺杆、支架、铣刀头座体、电风扇叶片、铣刀头装配体、铣刀头座体的工程图生成、铣刀头装配体的工程图生成、齿轮装配及运动模拟 13 个项目。本书附有 5 个操作视频可通过扫描书中二维码在线观看,以方便学生自主学习。

　　本书可作为高等职业院校、高等专科院校、成人高校、民办高校及本科院校举办的二级职业技术学院机械制造类专业的教学用书,也适用于五年制高职、中职相关专业,并可作为 CAD/CAM 职业技能考试参考书及培训用书。

　　授课教师如需本书配套的教学课件等资源或是其他需求,可发送邮件至邮箱 gzjx@ hep. edu. cn 联系索取。

图书在版编目(C I P)数据

　　使用 SolidWorks 软件的机械产品数字化设计项目教程/罗广思,潘安霞编著.--3 版.--北京:高等教育出版社,2019. 11(2021.2 重印)

　　ISBN 978-7-04-053195-4

　　Ⅰ. ①使… Ⅱ. ①罗… ②潘… Ⅲ. ①机械设计-计算机辅助设计-应用软件-高等职业教育-教材 Ⅳ. ①TH122

　　中国版本图书馆 CIP 数据核字(2019)第 275465 号

策划编辑 吴睿韬	责任编辑 吴睿韬	封面设计 张 志	版式设计 马 云
责任校对 李大鹏	责任印制 赵义民		

Shiyong SolidWorks Ruanjian de Jixie Chanpin Shuzihua Sheji Xiangmu Jiaocheng

出版发行	高等教育出版社	网　　址	http://www.hep.edu.cn
社　　址	北京市西城区德外大街 4 号		http://www.hep.com.cn
邮政编码	100120	网上订购	http://www.hepmall.com.cn
印　　刷	北京盛通印刷股份有限公司		http://www.hepmall.com
开　　本	787 mm×1092 mm　1/16		http://www.hepmall.cn
印　　张	14	版　　次	2011 年 8 月第 1 版
字　　数	330 千字		2019 年 11 月第 3 版
购书热线	010-58581118	印　　次	2021 年 2 月第 2 次印刷
咨询电话	400-810-0598	定　　价	39.80 元

本书如有缺页、倒页、脱页等质量问题,请到所购图书销售部门联系调换

前 言

本书是"十二五"江苏省高等学校重点教材，以及教育部高职高专机械设计制造类专业教指委精品课程主讲教材。

本书基于 SolidWorks 计算机辅助设计软件，内容选取依据行业企业的发展需求，以职业标准为依据，以技能训练为主线，以机械产品设计相关知识做支撑，符合高职人才培养目标。

本书是在第 2 版教材的基础上修订而成，具体编写及修订思路如下：

1. 以工作过程为导向创设工作任务，以不同结构的零部件作为载体，由简单到复杂，由单一到综合，符合教学规律和认知规律。

2. 在每一个项目中，首先对工作任务进行分析，引出相关知识；然后进行任务实施，突出技能训练；在基本工作任务完成之后，依据相关的知识点和技能点补充任务拓展模块。

3. 引进现场经验，及时总结和凝练三维数字化设计的现场工作经验，使得学习过程更加接近工作过程，提高实际工作效率。

4. 强调学生自主练习，巩固提高。本书操作视频二维码，以方便学生自主学习。

本书由罗广思、潘安霞编著，中国南车戚墅堰机车有限公司高级工程师秦文蔚审阅。项目 4、5、6、7、8、10、13 由罗广思编写，项目 1、2、3、9、11、12 由潘安霞编写。本书的载体取自常州新瑞机械有限公司、常柴集团股份有限公司、中国南车戚墅堰机车车辆工艺研究所有限公司、中国南车戚墅堰机车有限公司等知名企业。何煜琛博士、周威铎高级工程师、杨玉明高级技师对本书的编写提供了很多素材，在此一并表示感谢。

限于编者水平有限，书中难免有错误与不当之处，恳请广大读者批评指正。

编著者
2019 年 9 月

序号	名称	页码
1	铣刀头座体视频教学	133
2	风扇视频教学	150
3	轴−轴承子装配视频教学	164
4	铣刀头装配视频教学 1	170
5	铣刀头装配视频教学 2	170

目录

项目一

燃油箱吊座的数字化设计

技能目标

□ 具有使用草图绘制工具进行参数化草图绘制的能力

□ 形成设计意图，具有使用拉伸特征、圆角特征进行参数化设计的能力

知识目标

□ 参数化草图绘制

□ 尺寸标注和几何约束

□ 拉伸特征、圆角特征

 任务引入

    轨道交通用内燃机车燃油箱吊座，如图 1-1 所示。本次任务要求完成该零件的三维数字化设计。

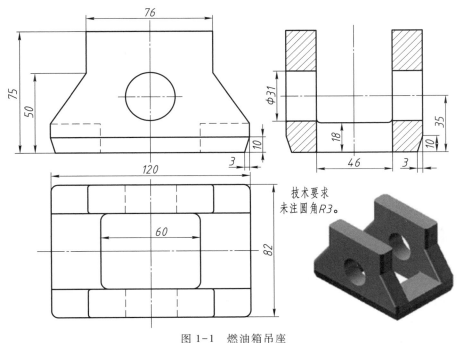

技术要求
未注圆角R3。

图 1-1　燃油箱吊座

任务分析

如图 1-1 所示，燃油箱吊座的外形是由长方形等规则的 SolidWorks 草图拉伸而成，其中间部分的凹槽及圆孔可用拉伸切除的方法生成。其后，分别对模型棱角进行圆角处理，使其光滑，从而完成燃油箱吊座的三维数字化设计。

相关知识

一、启动 SolidWorks

双击桌面 SolidWorks 图标，或者选择【开始】→【所有程序】→【SolidWorks 2012】→【SolidWorks 2012】命令，启动 SolidWorks 2012 软件。

单击【新建】按钮，出现【新建 SolidWorks 文件】对话框，如图 1-2 所示。单击【零件】按钮，单击【确定】按钮，进入【零件】工作环境，如图 1-3 所示。

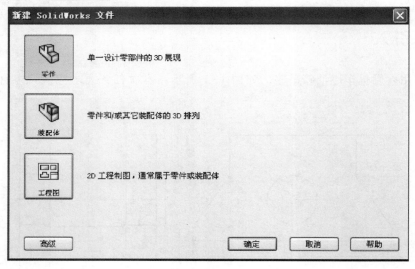

图 1-2　【新建 SolidWorks 文件】对话框

二、草图绘制

1. 草图的基本概念

草图是指在 SolidWorks 中使用直线、圆弧、样条线等草绘命令绘制的形状和尺寸大致确定的具有特定意义上的几何图形。特征截面草图绘制广泛应用于特征创建，贯穿整个零件的建模过程，通常是零件造型的第一步。用户也可以重新编辑或重新定义已经生成的特征截面草图，从而更新零件造型。除了孔、倒角和倒圆这些标准放置特征以及参数化抽壳不需要绘制草图外，其他造型特征都需要草图。

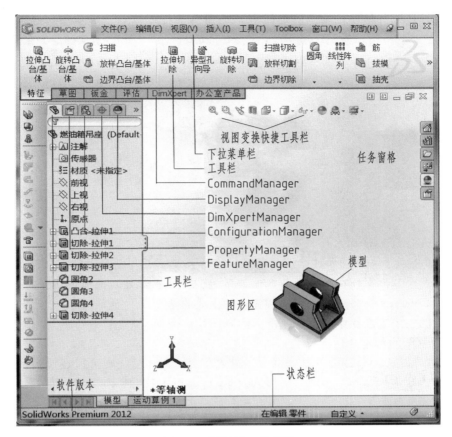

图 1-3　【零件】工作环境

　　参数化是 SolidWorks 的核心技术之一。无论多么复杂的零件模型，都可以分解成有限数量的构成特征，而每一种构成特征，都可以用有限的参数完全约束，这就是参数化的基本概念。特征截面的绘制在 SolidWorks 的零件建模中是非常重要的，SolidWorks 的参数化设计特性也往往是通过在特征截面的绘制过程中对参数加以指定而得以实现的。

2. 草图绘制过程

　　SolidWorks 中的草图绘制功能极其方便快捷。SolidWorks 提供了几何约束设定和参数化支持，从而可以通过几何关系和尺寸改变草图绘制的结果。为了发挥这种便利性，在 SolidWorks 中，只需要绘制出尺寸大致相当、几何形状基本一致的图形，然后标注合适的尺寸、增加几何约束关系即可完成图形的精确设定。绘制草图的基本步骤如下。

（1）进入草图绘制环境

　　如图 1-4 所示为 SolidWorks 中的【草图】工具栏，其中包括了与草图绘制相关的各种命令。

图 1-4　【草图】工具栏

　　在【草图】工具栏中单击【草图绘制】按钮 ，或者单击【直线】 、【矩形】 等图形绘制按钮，进入草图绘制环境，控制区出现如图 1-5 所示的提示信息，提示用户选择草图绘制平面，如图 1-5a 所示，选择绘图区域中的【前视基准面】（见图 1-5b）为草图绘制平面，单击【视图】工具栏中的【正视于】按钮 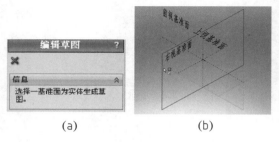，将基准面旋转至正对用户，进入草图绘制环境。

图 1-5　指定草图绘制平面

（2）指定草图绘制平面

SolidWorks 提供了一个初始的绘图参考系，包括一个原点和三个坐标平面。对于新建的零件，可以利用三个基准平面中的任意一个作为草绘的平面。此外，还有两种可以利用的平面，一种是已有模型的平面，另一种是为了特殊目的生成的基准面。图 1-5 显示选择 SolidWorks 初始环境中提供的三个基准面中的前视基准面为草图绘制平面。

（3）绘制草图的基本几何形状

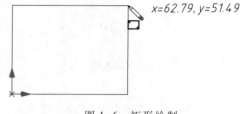

图 1-6　矩形绘制

进入草图绘制环境，既可以在原有的视角下进行绘制，也可以单击【视图】工具栏中的【正视于】按钮 ⬆（或者按下空格键，在弹出的【视角定向】对话框的列表中选择【正视于】），将草图绘制平面调整到与用户垂直，即平行于显示屏，这样对于用户来说更为直观。SolidWorks 为草图绘制过程提供了许多智能化支持及直观的反馈信息。如图 1-6 所示是单击【矩形】按钮▢绘制一个矩形，可以看到鼠标指针变成 形状，提示用户正在进行绘制矩形工作，并且在鼠标指针旁显示绘制矩形的长度与宽度。

（4）编辑草图

绘制完草图的基本形状后，利用【草图】工具栏中的各种草图绘制工具进一步编辑基本的几何草图实体，生成倒角、倒圆等几何形状。SolidWorks 还提供了镜向和阵列工具，并支持草图实体的复制和移动。

（5）设定草图实体的尺寸和添加几何关系

在基本的图形绘制完毕后，选择【尺寸/几何关系】工具栏中的【智能尺寸】按钮 ，开始对各个草图实体进行尺寸标注。当鼠标指针回到工作区时，其指针形状变为 ，其中的数值是当前的尺寸。在该对话框中输入用户想设定的数值，草图实体就会按照新的尺寸进行相应的调整。

草图实体之间存在着平行、垂直、共线、同心等几何关系，追加和显示几何关系需要利用【尺寸/几何关系】工具栏中的相关命令。

三、草图绘制实体

1. 绘制直线

在所有的图形实体中，直线是最基本的图形实体。其命令执行有两种方式：

➢ 单击【草图】工具栏中的直线命令按钮 ＼。

➢ 单击菜单栏【工具】→【草图绘制实体】→【直线】。

执行直线命令后，鼠标指针变为 ＼ 形状，提示用户正在进行绘制直线工作，单击鼠标左键确定直线的起点和终点草绘直线。使用此命令可以连续草绘一系列相连的线段。如果要终止直线绘制，可以按键盘上的 <Esc> 键。虽然一次绘制了一系列线段，但每一条线段都是相互分离的对象，就好像用独立的直线命令绘图一样。

使用直线命令画线时，注意此时系统给出的相应反馈。鼠标指针带有 ▬ 形状，说明绘制的是水平线，系统会自动添加"水平"几何关系；鼠标指针带有 ▎形状，说明绘制的是竖直线，系统会自动添加"竖直"几何关系。右上角不断变化的数值，提示绘制直线的长度。

2. 绘制中心线

中心线不是图形实体的组成部分，但却是图形绘制过程中不可缺少的辅助线。其命令执行有两种方式：

➢ 单击【草图】工具栏中的【中心线】按钮 ┊。

➢ 单击菜单栏【工具】→【草图绘制实体】→【中心线】。

执行命令后，便可同绘制直线一样绘制中心线。

3. 推理线

推理线在绘制草图时出现，显示指针和现有草图实体（或模型几何体）之间的几何关系。推理线可以包括现有的线矢量、平行、垂直、相切和同心。这些推理线会捕捉到确切的几何关系，而其他的推理线则只是简单地作为草图绘制过程中的指引线或参考线使用。

SolidWorks 采用不同的颜色来区分推理线的这两种状态，如图 1-7 所示。推理线 A 采用黄色，如果此时所绘线段捕捉到这两条推理线，则系统自动添加"垂直"几何关系；推理线 B 采用蓝色，它仅仅提供了一个与另一个端点的参考，如果所绘线段终止于这个端点，就不会添加"垂直"几何关系。

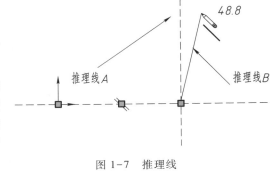

图 1-7　推理线

四、草图工具——镜向

其命令执行有两种方式：

➢ 单击【草图】工具栏中的【镜向实体】按钮 ⚠。

➢ 单击菜单栏【工具】→【草图绘制工具】→【镜向】。

镜向如图 1-8a 所示的圆，单击【草图】工具栏中的【镜向】按钮 ⚠，出现【镜向】属性管理器，激活【要镜向的实体】列表框，在 FeatureManager 设计树中选择"圆弧 1"；激活【镜向点】列表框，在 FeatureManager 设计树中选择"直线 1"，如图 1-8b 所示，单击【确定】按钮 ✔，完成镜向，如图 1-8c 所示。

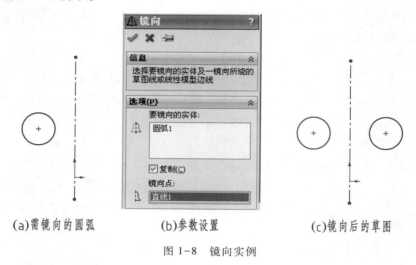

(a)需镜向的圆弧   (b)参数设置   (c)镜向后的草图

图 1-8　镜向实例

五、尺寸标注和添加几何关系

1. 尺寸标注

草图具有大致形状后，需进行尺寸标注，单击【尺寸/几何关系】工具栏中的【智能尺寸】按钮 ⬦。

（1）线性尺寸的标注

线性尺寸一般分为水平尺寸、垂直尺寸和平行尺寸三种。

标注线性尺寸的操作步骤：首先单击【智能尺寸】按钮 ⬦，然后单击直线上任意一点以选取要标注的直线，拖动光标，可以发现系统自动生成一个长度尺寸，并且因光标位置不同，自动生成的尺寸形成可能表现为水平、垂直和倾斜三种形式之一，尺寸形式满足要求后，单击屏幕中的任意一点，确定尺寸的放置位置，同时出现【修改】尺寸对话框，在【修改】尺寸对话框中输入尺寸数值，单击【确定】按钮 ✔ 完成线性尺寸的标注。

（2）角度尺寸的标注

标注角度尺寸的操作步骤：首先单击【智能尺寸】按钮 ⬦，然后分别单击选取需标注角度尺寸的两条边，自动生成一个角度尺寸，单击鼠标左键确定尺寸的位置，同时出现【修改】对话框，在【修改】对话框中输入尺寸数值，单击【确定】按钮 ✔ 完成角度尺寸的标注。

（3）圆弧尺寸的标注

标注圆弧尺寸的操作步骤：首先单击【智能尺寸】按钮 ⬦，然后单击圆弧上的任意一点，根据圆弧的大小自动生成一个圆弧尺寸，单击鼠标左键确定尺寸的位置，同时出现【修改】对话框，在【修改】对话框中输入尺寸数值，单击【确定】按钮 ✔ 完成圆弧尺寸的标注。

2. 添加几何关系

（1）自动添加几何关系

沿着黄色的推理线绘制草图，系统将自动添加几何关系。

（2）添加几何关系

其命令执行有两种方式：

➢ 单击【尺寸/几何关系】工具栏中的【添加几何关系】按钮 ┻。

➢ 单击菜单栏【工具】→【几何关系】→【添加…】。

命令执行后，出现如图 1-9 所示的【添加几何关系】属性管理器。激活【所选实体】列表框，在图形区选取实体，出现如图 1-10 所示的【添加几何关系】属性管理器。如表 1-1 所示列举了常用的几何约束关系。

图 1-9　【添加几何关系】属性管理器　　　　图 1-10　选择实体后【添加几何关系】属性管理器

表 1-1　常用的几何约束关系

几何约束关系	要选择的实体	所产生的几何关系
水平或竖直	一条或多条直线，或两个或多个点	直线会变成水平或竖直（由当前草图的空间定义），而点会水平或竖直对齐
共线	两条或多条直线	项目位于同一条无限长的直线上
全等	两个或多个圆弧	项目会共用相同的圆心和半径
垂直	两条直线	两条直线相互垂直
平行	两条或多条直线	项目相互平行
相切	一圆弧、椭圆或样条曲线，以及一直线或圆弧	两个项目保持相切
同心	两个或多个圆弧，或一个点和一个圆弧	圆弧共用同一圆心
中点	两条直线或一个点和一直线	点保持位于线段的中点

几何约束关系	要选择的实体	所产生的几何关系
交叉点	两条直线和一个点	点保持于直线的交叉点处
重合	一个点和一直线、圆弧或椭圆	点位于直线、圆弧或椭圆上
相等	两条或多条直线，或两个或多个圆弧	直线长度或圆弧半径保持相等
对称	一条中心线和两个点、直线、圆弧或椭圆	项目保持与中心线相等距离，并位于一条与中心线垂直的直线上
固定	任何实体	实体的大小和位置被固定。然而固定直线的端点可以自由地沿其下无限长的直线移动。并且圆弧或椭圆段的端点可以随意沿着下面的全圆或椭圆移动
穿透	一个草图点和一个基准轴、边线、直线或样条曲线	草图点与基准轴、边线或曲线在草图基准面上穿透的位置重合。穿透几何关系用于使用引导线扫描中
合并点	两个草图点或端点	两个点合并成一个点

六、草图几何体状态

草图中的几何图形有三种状态。在默认状态下，SolidWorks 系统分别以黄、蓝、黑三种不同的颜色显示以利于识别。

1. 过定义

在【显示/删除几何关系】属性管理器中几何关系下的图形区域中以黄色出现，表示冗余尺寸或没必要的几何关系，如图 1–11 所示。

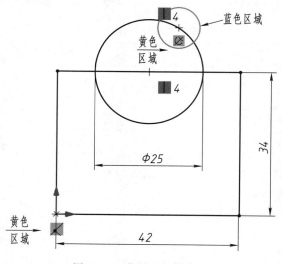

图 1–11　草图几何体状态

2. 欠定义

在【显示/删除几何关系】属性管理器中几何关系下的图形区域中以蓝色出现，表示需要尺寸或与另一草图实体存在几何关系的草图实体，如图 1-11 所示。

3. 完全定义

在【显示/删除几何关系】属性管理器中几何关系下的图形区域中以黑色出现，表示所有所需尺寸及与草图实体的几何关系都存在，无可引起草图过定义的冗余或无必要的要素，如图 1-11 所示的 $\phi25$ mm 的圆和矩形。

七、拉伸特征

拉伸特征是指由草图截面经过拉伸而成的特征，它适合构建等截面的实体特征。

其命令执行有两种方式：

➤ 单击【特征】工具栏中的【拉伸凸台/基体】特征按钮 ⬚ 。

➤ 单击菜单栏【插入】→【凸台/基体】→【拉伸】。

1. 拉伸特征的草图截面

草绘截面可以由一个或多个封闭环组成，封闭环之间不能自交，但封闭环之间可以嵌套，如果存在嵌套的封闭环，在生成增加材料的拉伸特征时，系统自动认为里面的封闭环类似于孔特征，如图 1-12 所示。

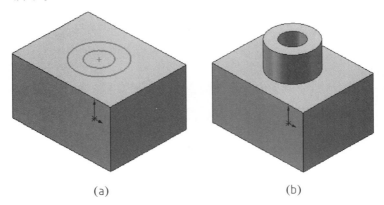

(a)　　　　　　　　　　　(b)

图 1-12　嵌套封闭环内侧封闭环生成孔

2. 拉伸特征的开始条件

创建拉伸特征时，有四种方式设定拉伸特征的开始条件，如图 1-13 所示。

➤ 草图基准面——从草图所在的基准面开始拉伸，如图 1-14a 所示。

➤ 曲面/面/基准面——从指定的曲面、面或基准面开始拉伸，如图 1-14b 所示。

➤ 顶点——从指定的顶点开始拉伸，如图 1-14c 所示。

➤ 等距——从与当前草图基准面等距的基准面开始拉伸，如图 1-14d 所示。

图 1-13　拉伸的开始条件

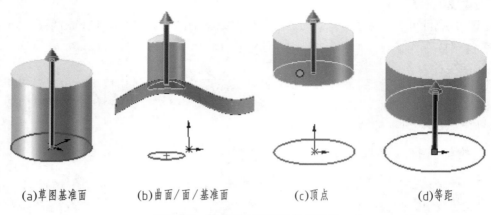

(a)草图基准面　　　　(b)曲面/面/基准面　　　　(c)顶点　　　　　(d)等距

图 1-14　拉伸特征的开始条件范例

3. 拉伸特征的终止条件

在创建拉伸特征时，有多种方式设定拉伸特征的终止条件，如图 1-15 所示。

下面对常用的拉伸终止条件方式进行说明。

➤ 给定深度——直接指定拉伸特征的拉伸长度，这是最常用的拉伸长度定义选项。

➤ 完全贯穿——拉伸特征沿拉伸方向完全贯穿所有现有的实体。

➤ 成形到一顶点——拉伸延伸至通过一顶点并与基准面平行的平面处。

➤ 成形到一面——拉伸特征沿拉伸方向延伸至指定的零件表面或一个基准面。

➤ 到离指定面指定的距离——拉伸特征延伸至距一个指定平面一定距离的位置，指定距离以指定平面为基准。

➤ 两侧对称——拉伸特征以草绘基准面为中心向两侧对称拉伸，拉伸长度为总长度。

八、圆角特征

圆角特征在零件设计中起着重要作用。大多数情况下，如果能在零件特征上加上圆角，则有助于造型上的变化，或是产生平滑的效果。

其命令执行有两种方式：

➤ 单击选取【特征】工具栏中的【圆角】特征按钮 ⏣ 。

➤ 单击菜单栏【插入】→【特征】→【圆角】。

SolidWorks 将圆角特征分成四类，如图 1-16 所示。

下面对四种圆角类型进行说明。

➤ 等半径——生成的圆角半径是常数，这是最常用的圆角生成方法，如图 1-17 所示。

➤ 变半径——生成带可变半径的圆角，可以在圆角边线上指定变半径的点，如图 1-18 所示。

➤ 面圆角——选取相邻零件表面生成圆角特征，如图 1-19 所示。

➤ 完整圆角——生成相切于三个相邻面组(一个或多个面相切)的圆角。

图 1-15 拉伸的终止条件

图 1-16 圆角对话框

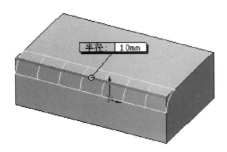

图 1-17 等半径圆角实例

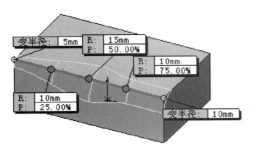

图 1-18 变半径圆角实例

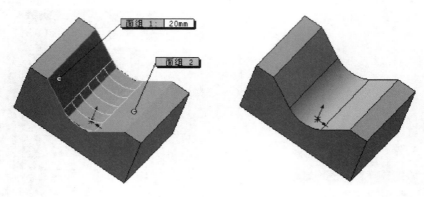

图 1-19　面圆角实例

✏➤ 任务实施

步骤一　基本体的生成

一、进入草图绘制环境

1. 建立新文件。单击【新建】按钮 ▢，在弹出的【新建 Solid-Works 文件】对话框中单击【零件】按钮，单击【确定】按钮 ▢确定▢，进入【零件】工作环境。

2. 确定草图基准面。在 FeatureManager 设计树中单击【前视基准面】，弹出快捷工具栏如图 1-20 所示，单击快捷工具栏中的【草图绘制】按钮 ▱，在【前视基准面】上打开一张草图。

图 1-20　在【前视基准面】
上打开一张草图

二、绘制直线段

1. 绘制中心线。单击【草图】工具栏中的【中心线】按钮 ▮，过原点绘制一条竖直的中心线。

2. 绘制直线。单击【草图】工具栏中的直线按钮 ▱，过原点绘制如图 1-21 所示的直线段。

3. 标注 76 mm、120 mm 的尺寸。由于该草图左右对称，标注尺寸时应标注对称结构之间的尺寸。单击【尺寸/几何关系】工具栏中的【智能尺寸】按钮 ▱，单击端点，然后单击中心线将尺寸线放置在中心线的另一侧，弹出【修改】对话框，将尺寸改为 76 mm，即可标注对称图形的对称结构之间的尺寸，如图 1-22 所示，按照此方法标注 120 mm 的尺寸。

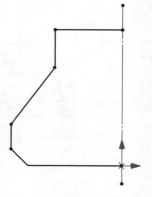

图 1-21　草图直线段

4. 标注其他尺寸。单击【尺寸/几何关系】工具栏中的【智能尺寸】按钮 ，依次标注尺寸 3 mm、10 mm、18 mm、50 mm、75 mm。尺寸标注后，图形以黑色显示，表示此草图完全定义，完成中心线一侧的直线段绘制，如图 1-23 所示。

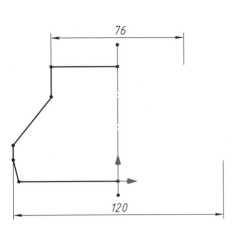

图 1-22 标注 76 mm、120 mm 的尺寸

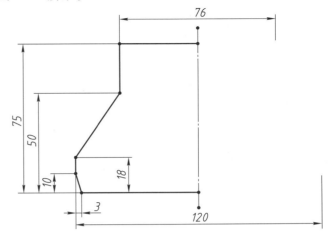

图 1-23 中心线一侧的图形

三、镜向

对草图直线段进行镜向。单击【草图】工具栏的【镜向】按钮 ，出现【镜向】属性管理器，如图 1-24 所示。激活【要镜向的实体】列表框，在 FeatureManager 设计树中选择除中心线之外的所有的图形实体。激活【镜向点】列表框，在 FeatureManager 设计树中选择"中心线"，单击【确定】按钮 ，完成基本图形的镜向，此时草图显示为黑色，说明镜向后的草图仍然完全定义，如图 1-25 所示。

图 1-24 【镜向】属性管理器

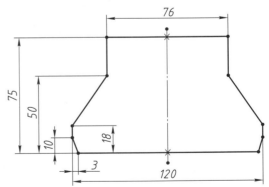

图 1-25 基本体的草图

四、退出草图绘制模式

单击图形区右上角的按钮 ，退出草绘模式。此时在 FeatureManager 设计树中显示已完成的"草图 1"的名称，如图 1-26 所示。

五、拉伸生成基本体

选择 FeatureManager 设计树中的 "草图 1"，单击【特征】工具栏中的【拉伸凸台/基体】按钮 ，出现【凸台-拉伸】属性管理器，设置如图 1-27 所示，设置完毕后，单击【确定】按钮 ，生成吊座的基本体，如图 1-28 所示。

图 1-26　设计树中的草图 1　　　　图 1-27　【凸台-拉伸】属性管理器

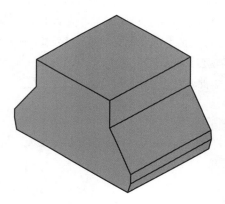

图 1-28　生成基本体

步骤二　拉伸切除生成 $\phi 31$ 的圆孔

一、草图绘制

1. 确定草绘平面。在 FeatureManager 设计树中选择【前视基准面】，单击【前视】按钮 ，将视图转正，如图 1-29 所示。

2. 绘制 $\phi 31$ mm 的圆。单击【草图】工具栏中的【圆】按钮 ，在大致位置绘制圆，如图 1-30 所示。

3. 标注 ϕ31 mm 圆的尺寸。单击【尺寸/几何关系】工具栏中的【智能尺寸】按钮 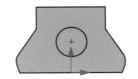，单击圆，单击确定尺寸线的位置，弹出【修改】尺寸对话框，将尺寸改为 31 mm；单击圆心和原点，标注两点之间的距离为 35 mm，如图 1-31 所示，此时草图显示为蓝色，说明该草图为欠定义。

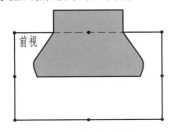

图 1-29　转正的【前视】基准面　　图 1-30　ϕ31 mm 圆的大致位置　　图 1-31　ϕ31 mm 圆的尺寸标注

4. 完全定义草图。单击【尺寸/几何关系】工具栏中的【添加几何关系】按钮 ，出现【添加几何关系】属性管理器，激活【所选实体】列表框，分别选取圆心和原点，在【添加几何关系】中单击【竖直】按钮，设置如图 1-32 所示，单击【确定】按钮 ，此时草图显示为黑色，如图 1-33 所示，说明草图为完全定义。

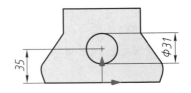

图 1-32　【添加几何关系】属性管理器　　　　图 1-33　完全定义的草图

二、退出草图绘制模式

单击图形区右上角的按钮 ，退出草绘模式。此时在 FeatureManager 设计树中显示已完成的"草图 2"的名称。

三、生成 ϕ31 mm 的圆孔

选择 FeatureManager 设计树中的"草图 2"，单击【特征】工具栏中的【拉伸切除】按钮 ，弹出【切除-拉伸】属性管理器，设置如图 1-34 所示，设置完毕后，单击【确定】按钮 ，生成 ϕ31 mm 的圆孔，如图 1-35 所示。

图 1-34　【切除-拉伸】属性管理器

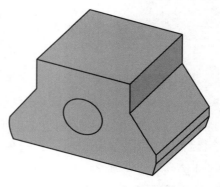

图 1-35　基本体上生成 φ31 mm 的圆孔

步骤三　拉伸切除生成中间凹槽

一、草图绘制

1. 确定草绘平面。选取【右视图基准面】作为草绘平面，单击【视图】工具栏中的【正视于】按钮🔜，此时视图重新放置，草绘平面与屏幕平行，将视图转正。

2. 绘制中心线。单击【草图】工具栏中的【中心线】按钮 ⁝，过原点绘制中心线。

3. 绘制矩形。单击【草图】工具栏中的【矩形】按钮 ▢，绘制矩形，如图 1-36 所示。

4. 标注尺寸。单击【尺寸/几何关系】工具栏中的【智能尺寸】按钮◈，标注 46 mm、18 mm 的尺寸。此时草图为蓝色，说明草图欠定义，还需添加几何关系进行约束。

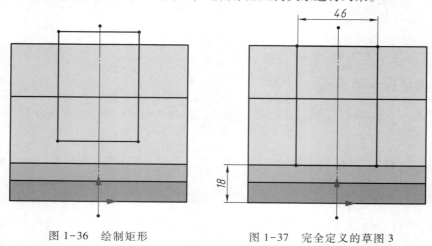

图 1-36　绘制矩形　　　　　　　　　图 1-37　完全定义的草图 3

5. 完全定义草图。为左右两条垂直线和中心线添加对称几何关系，为上面一条水平线添加和轮廓共线几何关系，即可完全定义该草图，如图 1-37 所示。

二、退出草图绘制模式

单击图形区右上角的按钮 ，退出草绘模式，此时在 FeatureManager 设计树中显示已完成的"草图 3"的名称。

三、生成凹槽

选择 FeatureManager 设计树中的"草图 3"，单击【特征】工具栏中的【拉伸切除】按钮 ，弹出【切除-拉伸】属性管理器，设置如图 1-38 所示，设置完毕后，单击【确定】按钮 ，生成凹槽，如图 1-39 所示。

图 1-38　【切除-拉伸】属性管理器

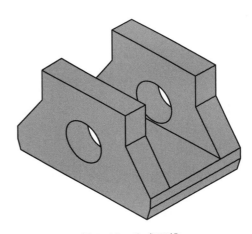

图 1-39　生成凹槽

步骤四　拉伸切除生成底面方孔

一、草图绘制

1. 确定草绘平面。选取底板上表面作为草绘平面，单击【视图】工具栏中的【正视于】按钮 ，此时视图重新放置，草绘平面与屏幕平行，将视图转正。

2. 绘制中心线。单击【草图】工具栏中的【中心线】按钮 ，过原点绘制中心线。

3. 绘制矩形。单击【草图】工具栏中的【矩形】按钮 ，绘制矩形，如图 1-40 所示。

4. 标注尺寸。单击【尺寸/几何关系】工具栏中的【智能尺寸】按钮 ，标注 60 mm 的尺寸。此时草图为蓝色，说明草图为欠定义，还需添加几何关系进行约束。

5. 完全定义草图。为左右两条垂直线和中心线添加对称几何关系，为上下两条水平线添加和轮廓共线几何关系，即可完全定义该草图，如图 1-41 所示。

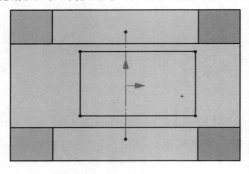

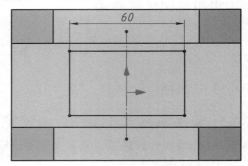

图 1-40　绘制矩形　　　　　　　　　图 1-41　完全定义的草图 4

二、退出草图绘制模式

单击图形区右上角的按钮，退出草绘模式，此时在 FeatureManager 设计树中显示已完成的"草图 4"名称。

三、方孔的生成

选择 FeatureManager 设计树中的"草图 4"，单击【特征】工具栏中的【拉伸切除】按钮，弹出【切除-拉伸】属性管理器，设置如图 1-42 所示，设置完毕后，单击【确定】按钮，生成底面方孔，如图 1-43 所示。

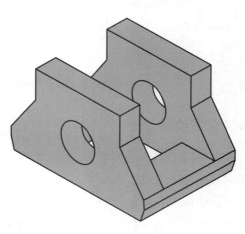

图 1-42　【切除-拉伸】属性管理器　　　　　图 1-43　生成底面方孔

步骤五　创建圆角特征

单击【特征】工具栏中的【圆角】按钮 ，出现【圆角】属性管理器，设置如图 1-44 所示，然后选取模型四条外部棱边，设置半径为 3 mm，如图 1-45 所示，单击【确定】按钮 ，完成圆角特征。

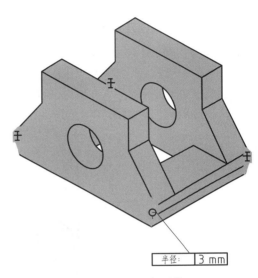

图 1-44　【圆角】属性管理器　　　　　　　　图 1-45　圆角预览

用同样的方法，可以完成其他棱边的圆角特征操作，使其光滑。完成圆角特征后如图 1-46 所示。

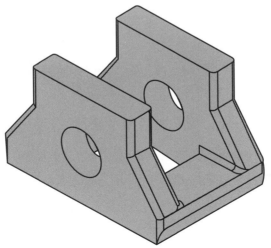

图 1-46　完成圆角特征

步骤六　切除底部两侧三棱柱 完成燃油箱吊座的设计

一、草图绘制

1. 确定草绘平面。选择【右视图基准面】作为草绘平面，单击【视图】工具栏中的【正视于】按钮 ⬥，此时视图重新放置，草绘平面与屏幕平行，将视图转正。

2. 绘制中心线。单击【草图】工具栏中的【中心线】按钮 ⦙，过原点绘制中心线。

3. 绘制三角形。单击【草图】工具栏中的【直线】按钮 ＼，绘制如图 1-47 所示的三角形。

4. 标注尺寸。单击【尺寸/几何关系】工具栏中的【智能尺寸】按钮 ◆，标注 3 mm、10 mm 的尺寸。此时草图为蓝色，说明草图为欠定义，还需添加几何关系进行约束。

5. 完全定义草图。为垂直线和水平线分别添加和轮廓共线几何关系，即可完全定义该草图，并将该三角形镜向，绘制好的草图如图 1-48 所示。

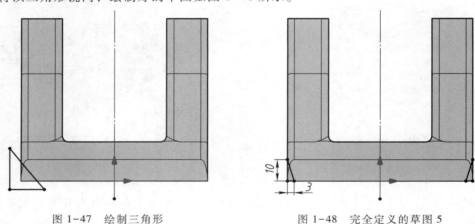

图 1-47　绘制三角形　　　　　　　　图 1-48　完全定义的草图 5

二、退出草图绘制模式

单击图形区右上角的按钮 ⤴，退出草绘模式，此时在 FeatureManager 设计树中显示已完成的"草图 5"的名称。

三、切除底部两侧三棱柱，完成燃油箱吊座的设计

选择 FeatureManager 设计树中的"草图 5"，单击【特征】工具栏中的【拉伸切除】按钮 ▣，出现【切除-拉伸】属性管理器，设置如图 1-49 所示，设置完毕后，单击【确定】按钮 ✔，切除底部两侧三棱柱，完成燃油箱吊座的设计，如图 1-50 所示。

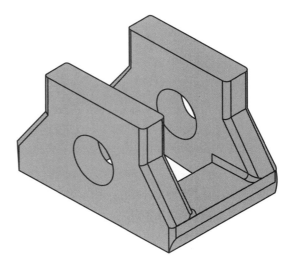

图 1-49　【切除-拉伸】属性管理器　　　　　　图 1-50　燃油箱吊座

 任务拓展

　　定制自己的 SolidWorks 工作环境。要熟练使用 SolidWorks 软件进行数字化设计，必须认识其默认的工作环境，然后定制适合自己的使用环境，这样能使设计更加高效。

一、设置工具栏

　　SolidWorks 包含很多工具栏，由于绘图区域的限制，不能显示所有的工具栏。在建模过程中，用户可以根据需要显示或者隐藏部分工具栏，其操作方法如下：

　　1. 鼠标左键单击菜单栏中的【工具】→【自定义】命令，或者在工具栏区域单击鼠标右键，在出现的快捷菜单中选择【自定义】选项，此时系统出现【自定义】属性管理器，如图 1-51 所示。

　　2. 单击【自定义】属性管理器中的【工具栏】选项卡，此时会出现系统所有的工具栏，勾选需要的工具栏。

　　3. 单击【自定义】属性管理器中的【确定】按键，操作界面上会显示所选择的工具栏。

二、设置工具栏命令按钮

　　工具栏中默认显示的命令按钮，并非是所有的命令按钮，可以根据需要添加或者删除命令按钮。其操作方法如下：

　　1. 单击菜单栏中的【工具】→【自定义】命令，出现如图 1-51 所示的【自定义】属性管理器。

　　2. 单击【自定义】属性管理器中的【命令】选项卡，此时会出现如图 1-52 所示的命令选项下的【类别】列表和【按钮】列表。

图 1-51　【自定义】属性管理器中的【工具栏】选项卡

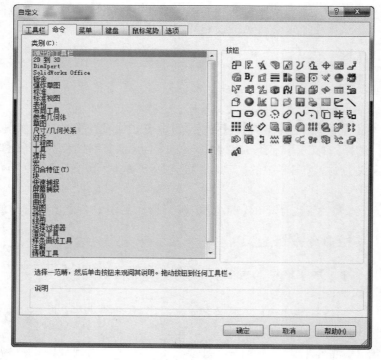

图 1-52　【自定义】属性管理器中的【命令】选项卡

3. 在【类别】列表中选择命令所在的工具栏，会在【按钮】列表中出现该工具栏中所有的命令按钮。

4. 在【按钮】列表中，用鼠标左键单击选择要增加的命令按钮，按住左键拖动该按钮到要放置的工具栏上，松开鼠标左键。

5. 单击【自定义】属性管理器中的【确定】按键，工具栏上会显示添加的命令按钮。

三、设置单位

系统默认的单位为 mm、g、s(毫米、克、秒)，根据自己的设计需要，可以自定义的方式设置其他类型的单位系统以及长度单位等。以修改长度单位的小数位数为例，其操作方法如下：

1. 单击菜单栏中的【工具】→【选项】命令，出现【系统选项】属性管理器。

2. 单击【系统选项】属性管理器中的【文档属性】选项卡，然后在文档属性列表框中单击选择【单位】选项，出现【文档属性-单位】属性管理器。

3. 在【文档属性-单位】属性管理器中，可以选择【单位系统】为"MMGS"；在【小数】一栏中设置小数位数，如图 1-53 所示。

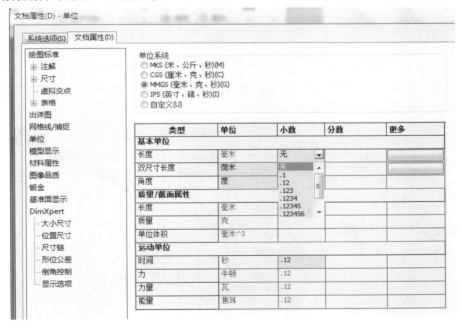

图 1-53 　【文档属性-单位】属性管理器

4. 单击【文档属性-单位】属性管理器的【确定】按键，完成单位的设置。

 ## 现场经验

➢ 备份自己的 SolidWorks 工作环境。通过 Windows 系统的【程序】→【SolidWorks2012】→【SolidWorks 工具】→【复制设定向导】命令将系统设置和用户界面导出或导入设置文件。

➢ 让系统提示命令按钮功能。将光标移到工具栏上的图标按钮上并停留一会儿，即会显示按钮的功能，并且在状态栏上会出现此命令按钮的功能描述。

➤ 恢复到第一次安装 SolidWorks 的工具栏。左键单击菜单栏中的【工具】→【自定义】命令，在【自定义】属性管理器中选择【工具栏】选项卡，单击【重设到默认】按钮 重设到默认(R) 。

 练习题

1. 绘制完成如图 1-54、图 1-55 所示的草图，添加适当的几何关系使草图完全定义。

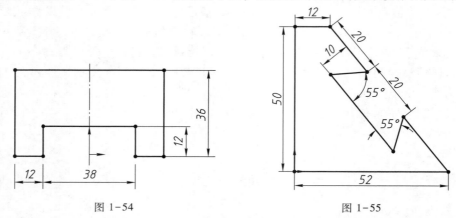

图 1-54　　　　　　　　　　　　　图 1-55

2. 在 SolidWorks 中，拉伸特征有几种开始条件和终止条件？简述其在建模中的应用。

3. 完成如图 1-56 所示蜗轮轴的三维造型。

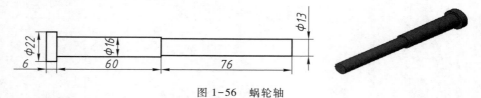

图 1-56　蜗轮轴

4. 完成如图 1-57 所示实体的三维数字化设计。

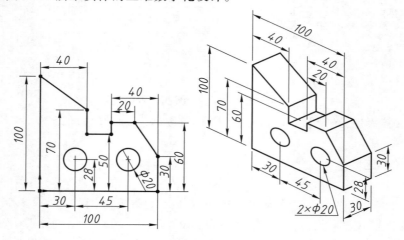

图 1-57　实体

5. 参照如图 1-58 所示的构建三维模型，单位为 mm，注意观察图中隐含的几何关系。其中 $A = 45$，$B = 12$，$C = 36$，$D = 60$。

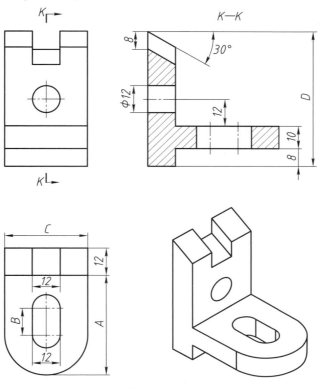

图 1-58 支座

项目二

手柄的数字化设计

技能目标

☐ 具有使用草图绘制工具进行参数化草图绘制的能力

☐ 形成设计意图，具有使用旋转特征进行参数化设计的能力

知识目标

☐ 参数化草图绘制

☐ 尺寸标注和几何约束

☐ 旋转特征

任务引入

手柄如图 2-1 所示。本任务要求完成该零件的三维数字化设计。

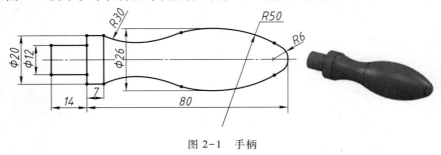

图 2-1　手柄

任务分析

如图 2-1 所示，手柄的外形由回转体组成，是由直线和圆弧绕着轴线回转而成。手柄的草图是由直线和圆弧组成，而且手柄的上下结构是对称的，所以只需绘出手柄的上半部分或者下半部分的大致形状，然后标注尺寸以及在这些线段之间添加几何约束，最后绕着轴线使用旋转特征旋转而成。

相关知识

一、草图绘制实体——绘制圆弧

SolidWorks 提供了三种绘制圆弧的方法：圆心/起/终点画弧、切线弧和三点圆弧。执行圆弧命令后鼠标指针变为 ⅋ 形状，提示用户正在进行绘制圆弧工作。

1. 圆心/起/终点画弧

其命令执行有两种方式：

➢ 单击【草图】工具栏中的【圆心/起/终点画弧】按钮 ⊙。

➢ 单击菜单栏【工具】→ 草图绘制实体 (K) → ⊙ 圆心/起/终点画弧 (A) 。

先定义圆心，再定义圆弧上的端点。

2. 切线弧

其命令执行有两种方式：

➢ 单击【草图】工具栏中的【切线弧】按钮 ⤴。

➢ 单击菜单栏【工具】→ 草图绘制实体 (K) → ⤴ 切线弧 (G) 。

单击已有实体的一个端点，拖动光标，可以发现系统生成一个动态相切圆弧，光标是圆弧的终点，拖动光标至合适位置，单击鼠标左键，系统自动生成一段与实体相切的圆弧。

3. 三点弧

其命令执行有两种方式：

➢ 单击【草图】工具栏中的【三点圆弧】按钮 ⌒。

➢ 单击菜单栏【工具】→ 草图绘制实体 (K) → ⌒ 三点圆弧 (3) 。

先选取两点作为圆弧的两个端点，拖动鼠标，可以发现系统生成一个动态圆弧，拖动光标至合适位置，单击动态圆弧上的任意一点，系统自动生成一个圆弧，第三点决定草绘圆弧的半径。

二、草图绘制工具

1. 剪裁

其命令执行有两种方式：

➢ 单击【草图】工具栏上的【剪裁】按钮 ⊁。

➢ 单击菜单栏【工具】→【草图绘制工具】→【剪裁】。

剪裁操作实例：剪裁圆弧。

单击【草图】工具栏上的【剪裁】按钮 ⊁，出现【剪裁】属性管理器，如图 2-2 所示，选择【剪裁到最近端】选项，此时鼠标变成 ⊁，单击需要剪裁部分，即完成剪裁，如图 2-3 所示。

图 2-2 【剪裁】属性管理器

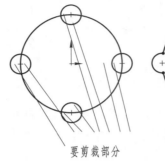

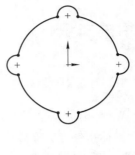

图 2-3 剪裁实例

2. 圆周阵列

其命令执行有两种方式：

➤ 单击【草图】绘制工具栏上的【圆周阵列】按钮 。

➤ 单击菜单栏【工具】→【草图绘制工具】→【圆周阵列】。

圆周阵列操作实例：阵列如图 2-4 所示圆周上的圆。

单击【圆周阵列】按钮 ，出现【圆周阵列】属性管理器，如图 2-5 所示。在【参数】列表下，激活【反向】 选择框，用鼠标选择原点。激活【要阵列的实体】选择框，用鼠标选取圆周上的圆，参数设置如图 2-5 所示。参数设置完成后，出现如图 2-6a 所示的阵列预览，单击确定 按钮，完成如图 2-6b 所示的阵列。

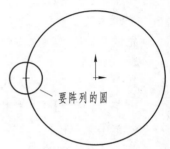

图 2-4 圆周上的圆

图 2-5 【圆周阵列】属性管理器

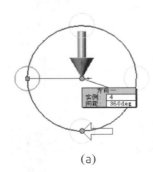

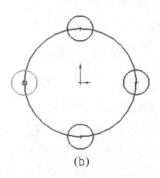

(a)　　　　　　　(b)

图 2-6 圆周阵列实例

三、旋转凸台/基体和旋转切除特征

旋转凸台/基体特征是指通过绕中心线旋转草图截面来生成凸台、基体的特征。旋转切除特征是指通过绕中心线旋转草图截面来切除实体的特征。

旋转凸台/基体与旋转切除特征中的草图截面必须全部位于旋转中心线一侧，并且轮廓不能与中心线交叉。实体旋转特征的草图截面必须是闭环的，薄壁旋转特征的草图截面可以是开环或闭环的。

其命令执行有两种方式：

➤ 单击【特征】工具栏中的【旋转凸台/基体】/【旋转切除】特征按钮⊕/⑩。

➤ 单击菜单栏【插入】→【凸台/基体】/【切除】→【旋转】。

如图 2-7 和图 2-8 所示是使用旋转凸台/基体特征和旋转切除特征进行零件建模的实例。

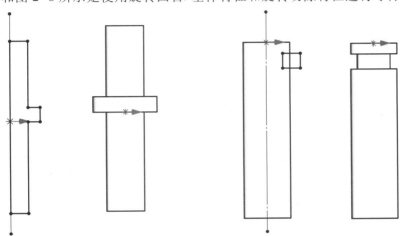

图 2-7　旋转凸台/基体特征　　　　　　图 2-8　旋转切除特征

SolidWorks 中旋转类型分成三种，如图 2-9 所示。

下面分别对旋转特征的三种类型进行说明。

➤ 单向——在草图基准面的一侧分配旋转角度，如图 2-10 所示。

➤ 两侧对称——在草图基准面的两侧平均分配角度，如图 2-11 所示。

➤ 双向——在草图基准面的两侧分配不同的角度，此时必须指定两个方向的角度，如图 2-12 所示。

图 2-9　旋转类型

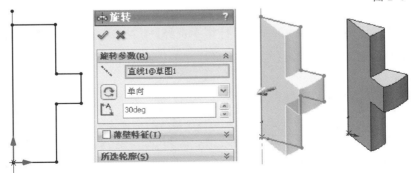

图 2-10　选择单向生成的旋转特征

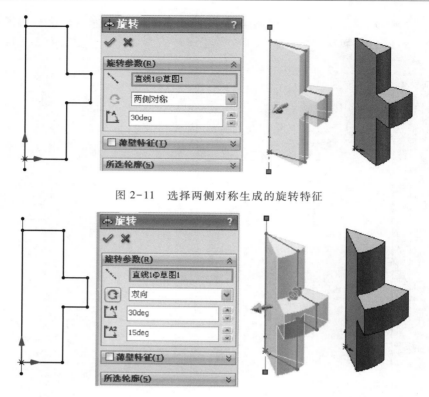

图 2-11　选择两侧对称生成的旋转特征

图 2-12　选择双向生成的旋转特征

任务实施

步骤一　草图绘制

一、进入草图绘制环境

1. 建立新文件。单击【新建】按钮 ，在弹出的【新建 SolidWorks 文件】对话框中单击【零件】图标，单击【确定】按钮 确定 ，进入【零件】工作环境。

2. 确定草绘平面。在 FeatureManager 设计树中选择【上视基准面】，单击如图 2-13 所示的【上视】按钮 ，将视图转正，单击【草图】工具栏中的【草图绘制】按钮 ，在【上视基准面】上打开一张草图。

二、绘制直线段

1. 绘制中心线。单击【草图】工具栏中的【中心线】按钮 ，过原点绘制水平的中心线。

2. 绘制直线段并且标注尺寸。单击【草图】工具栏中的直线按钮 ，过原点绘制直线，如图 2-14a 所示。单击【尺寸/几何关系】工具栏中的【智能尺寸】按钮 ，先分别选取水平的两

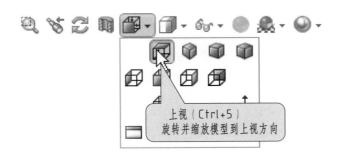

图 2-13　【上视】按钮

条直线，标注 14 mm 和 7 mm 的尺寸；然后选取水平的直线，再选取中心线，将尺寸的位置确定在中心线的另一侧，即可完成线性直径尺寸 φ20 mm、φ12 mm 的标注，如图 2-14b 所示。

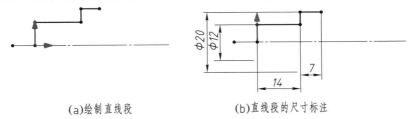

(a)绘制直线段　　　　　　　　(b)直线段的尺寸标注

图 2-14　手柄直线段的绘制

三、绘制圆弧段

1. 绘制圆弧。单击【草图】工具栏中的【三点圆弧】按钮 ⌂，绘制如图 2-15 所示的圆弧。

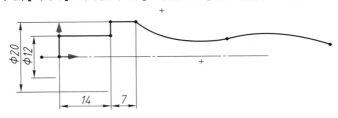

图 2-15　绘制 R30 mm、R50 mm 的圆弧

　　2. 为两圆弧添加几何关系。单击【尺寸/几何关系】工具栏中的【添加几何关系】按钮 ⊥，出现【添加几何关系】属性管理器，如图 2-16 所示，激活【所选实体】列表框，选取两条圆弧，在【添加几何关系】中单击【相切】按钮 ⟨ 相切(A)，设置如图 2-17 所示，单击【确定】按钮 ✔，为两圆弧添加了相切的几何约束，如图 2-18 所示在两圆弧相切的地方出现了 ⟋ 的符号，说明此处相切。为了清晰地绘制草图，可以将草图几何关系隐藏，单击菜单栏中的 视图(V) →

草图几何关系(E)，即可隐藏草图几何关系，如图 2-19 所示。

　　3. 标注尺寸。单击【尺寸/几何关系】工具栏中的【智能尺寸】按钮 ◇，分别为两圆弧标注尺寸，尺寸分别为 R30 mm、R50 mm，如图 2-20 所示。

　　4. 绘制 R6 mm 的圆弧。为 R50 mm 和 R6 mm 的圆弧添加相切的几何关系，并且使得 R6 mm 圆弧的圆心在中心线上，即添加 R6 mm 的圆心和中心线重合关系，最后标注尺寸 80 mm，如图 2-21 所示。

图 2-16　【添加几何关系】属性管理器　　　图 2-17　选择两圆弧实体后【添加几何关系】
　　　　　　　　　　　　　　　　　　　　　　　　属性管理器

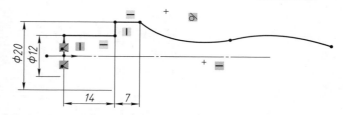

图 2-18　为 R30 mm、R50 mm 圆弧添加相切的几何关系

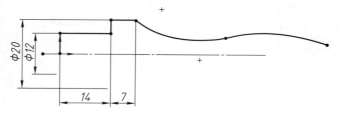

图 2-19　隐藏草图几何关系

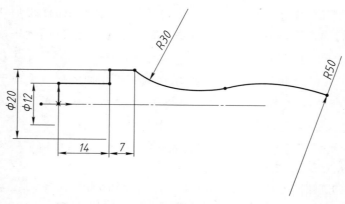

图 2-20　为 R30 mm、R50 mm 圆弧标注尺寸

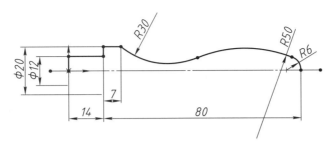

图 2-21　R6 mm 圆弧的绘制

四、镜向

对直线段和圆弧段进行镜向。单击【草图】工具栏的【镜向】按钮 ⚠，出现【镜向】属性管理器，如图 2-22 所示，激活【要镜向的实体】列表框，选取除中心线之外的所有的图形实体，如图 2-23 所示。

图 2-22　【镜向】属性管理器

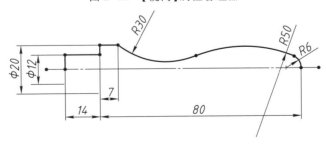

图 2-23　所选镜向实体

激活【镜向点】列表框，选择"中心线"，单击【确定】按钮 ✔，完成基本图形镜向，如图 2-24所示。

从图 2-24 中可以看出，此时圆弧段还是蓝色，说明草图为欠定义状态，没有完全约束，对照图 2-1 中可以看出，还需要标注 ϕ26 mm 和 80 mm 两个尺寸。

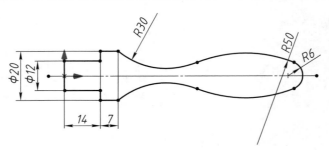

图 2-24　镜向完成后的图形

五、完全定义草图

1. 标注 80 mm 的尺寸。单击【尺寸/几何关系】工具栏中的【智能尺寸】按钮 ◇ ，选取直线和圆弧，拖动鼠标，此时标注的尺寸是直线和圆弧圆心之间的距离，如图 2-25 所示。

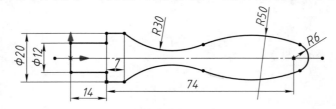

图 2-25　尺寸为圆弧圆心之间的距离

选取 74 mm 的尺寸，单击鼠标右键，出现【尺寸】属性管理器，如图 2-26 所示，单击【引线】选项，出现如图 2-27 所示的对话框，在"第一圆弧条件"中单击【最大】单选按钮，此时图

图 2-26　【尺寸】属性管理器　　　　　图 2-27　【尺寸】中【引线】选项卡

形预览中 74 mm 的尺寸变成了 80 mm，并且尺寸界线移到了 R6 mm 的圆弧处，如图 2-28 所示，单击【确定】按钮 ，完成 80 mm 的尺寸标注。

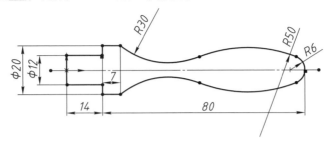

图 2-28　尺寸 80 的标注

2. 标注 $\phi26$ mm 的尺寸。单击【尺寸/几何关系】工具栏中的【智能尺寸】按钮 ，分别选取 R50 mm 的上下两个圆弧，拖动鼠标，此时标注的尺寸是两个圆弧圆心之间的距离，如图 2-29 所示，参照上一步骤，将"第一圆弧条件:"和"第二圆弧条件:"改为最小，单击【确定】按钮，此时尺寸为两圆弧之间的尺寸，如图 2-30 所示。

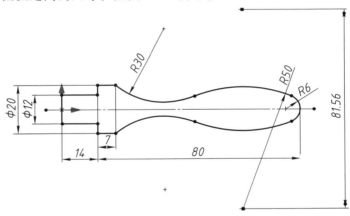

图 2-29　两圆弧圆心之间的距离

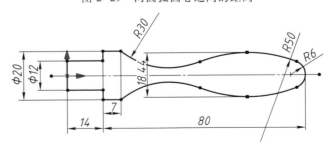

图 2-30　两圆弧之间的尺寸

双击该尺寸，出现【尺寸】修改对话框，将尺寸数值改为 $\phi26$ mm，此时草图的颜色显示为黑色，表明该草图为完全定义状态，如图 2-31 所示，草图绘制完毕。

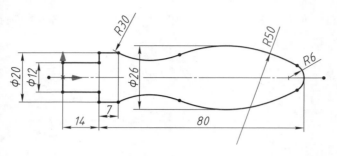

图 2-31　完全定义的手柄草图

步骤二　生成手柄三维实体

一、剪裁草图

单击【剪裁实体】按钮 ，出现【剪裁】属性管理器，单击 剪裁到最近端(T)，在草图中选择不需要的直线和圆弧，裁剪后的草图如图 2-32 所示。

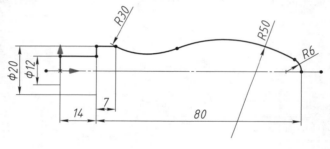

图 2-32　剪裁后的草图

二、完全定义草图

由于 $\phi 26$ mm、80 mm 尺寸是镜像后添加的，剪裁后草图部分显示蓝色，说明欠定义，应该对该草图重新完全定义。将 R50 mm 或 R30 mm 添加固定几何关系，即可将草图完全定义，如图 2-33 所示。

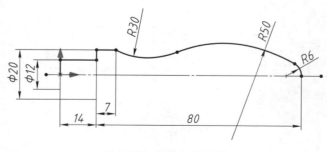

图 2-33　完全定义草图

三、退出草图绘制环境

单击图形区右上角的按钮 ，退出草绘模式。此时在 FeatureMan-ager 设计树中显示已完成的"草图 1"的名称，如图 2-34 所示。

四、生成手柄实体

选中 FeatureManager 设计树中的"草图 1"，当单击【特征】工具栏中的【旋转】按钮  时，SolidWorks 系统会自动判断旋转草图轮廓是否为封闭草图。因上述所绘"草图 1"为非封闭草图，故系统会首先弹出是否自动封闭"草图 1"的提示框，如图 2-35 所示。当需要完成非薄壁的旋转特征时，单击【是】按钮，系统会自动将草图轮廓封闭。

图 2-34　FeatureManager
设计树

图 2-35　是否自动将草图闭环对话框

单击【是】按钮后，出现如图 2-36 所示的【旋转】属性管理器，设置完毕后，单击【确定】按钮 ✔，生成旋转实体特征，如图 2-37 所示。

图 2-36　【旋转】属性管理器

图 2-37　手柄

🔧 任务拓展

手柄材料为普通碳钢，分析手柄零件的质量特性。

材质是机械零件设计的重要数据，材质的选择是基于受力条件、零件结构和加工工艺条件综合之后的结果，SolidWorks 在完成手柄三维设计之后，能对所设计的模型赋予指定的材质，进行简单的计算，对零件进行质量特性分析。

1. 选择手柄材料。单击菜单栏【编辑】→【外观】→【材质】，打开 SolidWorks 材质编辑器，在材料选项中选择"solidworks materials"中的"普通碳钢"选项，如图 2-38 所示；单击应用(A) 按钮，赋予手柄普通碳钢材质，单击 关闭(C) 按钮，返回 SolidWorks 工作界面。

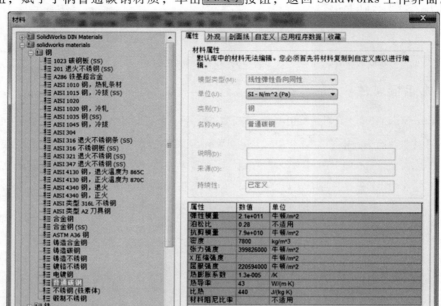

图 2-38　SolidWorks 材质编辑器

2. 手柄质量特征分析。单击菜单栏【工具】→ 质量属性(M)... ，出现【质量属性】对话框，如图 2-39 所示。从图中可看出，手柄的质量为 208.85 g，体积为 26 775.67 mm³，表面积为 5 918.82 mm²。

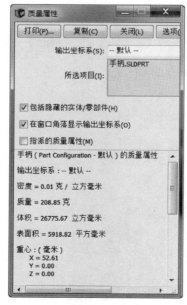

图 2-39　【质量属性】对话框

现场经验

➢ 标注尺寸时，右键单击可锁定尺寸的方向（水平/垂直/平行,或角度向内/向外），拖动鼠标将数字文字放置在需要的地方而不改变方向。

➢ 标注尺寸时，可以在尺寸输入框使用数学计算表达式或三角函数，让其自动进行尺寸数值计算。

➢ 如果草图欠定义，在 FeatureManager 设计树上的草图名称前面会出现一个负号，如果草图为过定义，则草图名称前面会出现一个正号。

 练习题

1. 在 SolidWorks 中旋转特征提供了哪几种旋转？简述其在建模中的应用。

2. 参照如图 2-40 所示绘制草图。注意原点位置，图中所示中点为红色构造线（中心线）的中点。

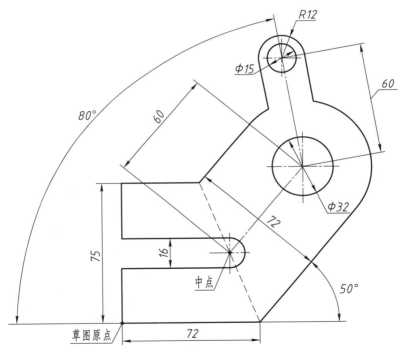

图 2-40　绘制草图 1

3. 参照如图 2-41 所示绘制草图，并标注尺寸。

4. 完成如图 2-42 所示带轮的数字化设计。

5. 完成如图 2-43 所示轴的数字化设计。请问该模型体积是多少？

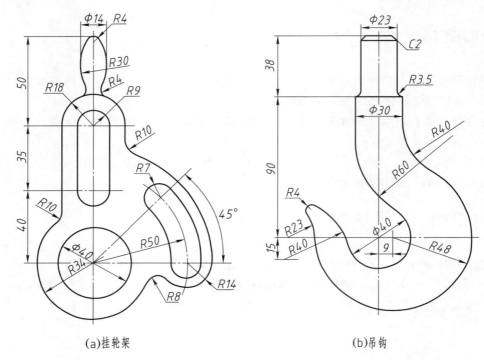

(a)挂轮架 　　　　　　　　　　　　　　(b)吊钩

图 2-41　绘制草图 2

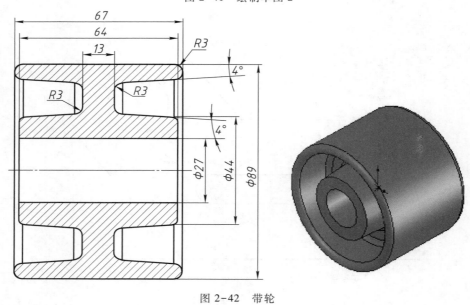

图 2-42　带轮

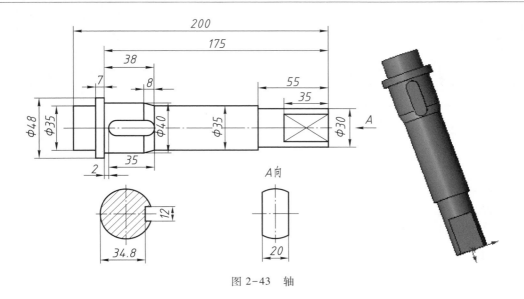

图 2-43　轴

项目三

音箱盖的数字化设计

技能目标

☐ 具有使用草图实体工具、草图绘制工具进行参数化草图绘制的能力

☐ 具有使用切除放样特征、抽壳特征进行数字化设计的能力

知识目标

☐ 抛物线、椭圆等草图实体工具的操作方法

☐ 尺寸标注和几何约束

☐ 放样切除特征、抽壳特征

 任务引入

音箱盖如图 3-1 所示，本任务要求完成该零件的三维数字化设计。

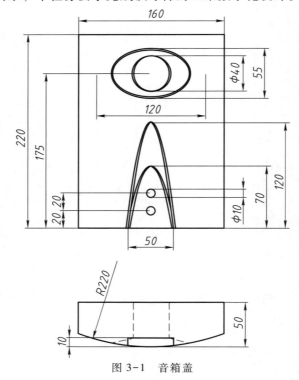

图 3-1 音箱盖

任务分析

如图 3-1 所示，音箱盖的外形是以长方体作为基体，在此基础上进行挖槽，形成薄壳、穿孔等。长方体基体使用【拉伸凸台/基体】、挖槽使用【放样切除】、薄壳的形成使用【抽壳】等完成音箱盖的三维数字化设计，在设计过程中，还需使用草图绘制工具中的【抛物线】和【椭圆】命令。

相关知识

一、草图绘制实体

1. 绘制椭圆

在默认的【草图】工具栏中没有【椭圆】按钮 ⬭，将【椭圆】按钮 ⬭ 拖出放到工具栏的方法如下。

在任意工具栏附近单击鼠标右键，弹出如图 3-2a 所示的工具栏列表，单击下拉箭头 ▼ 出现如图 3-2b 所示工具栏列表，单击【自定义】选项，出现如图 3-3 所示的【自定义】属性管理器，单击【命令】选项卡，出现如图 3-4 所示的【命令】属性管理器，在【类别】选项列表中选择【草图】，右侧出现很多的按钮是在默认的工具栏中没有的，将【椭圆】按钮 ⬭ 用鼠标左键拖动到所在的工具栏中，完成【命令】按钮的自定义。

其命令执行有两种方式：

➤ 单击【草图】工具栏中的【椭圆】命令按钮 ⬭。

➤ 单击菜单栏【工具】→【草图绘制实体】→【椭圆（长短轴）】。

执行【椭圆】命令后，指针形状变为 ⬭，在图形区单击点 1 以确定椭圆中心，拖动光标单击点 2 以确定椭圆的长轴，拖动并再次单击点 3 以确定椭圆的短轴，完成椭圆的绘制，如图3-5所示。

2. 抛物线

在默认工具栏中是没有【抛物线】按钮 ∪ 的，可以按照【椭圆】按钮的拖出方法将其拖出到【草图】工具栏中。

其命令执行有两种方式：

➤ 单击【草图】工具栏中的【抛物线】按钮 ∪。

➤ 单击菜单栏【工具】→【草图绘制实体】→【抛物线】。

执行抛物线命令后，鼠标指针形状变为 ✎∪，在图形区单击点 1 以放置抛物线的焦点并拖动光标来放大抛物线，单击点 2 以确定抛物线的顶点，单击点 3 以确定抛物线的起点，拖动光标单击点 4 以确定抛物线的形状，从而完成抛物线的绘制，如图 3-6 所示。

(a)   (b)

图 3-2　工具栏列表

图 3-3　【自定义】属性管理器

图 3-4　【椭圆】命令按钮的自定义

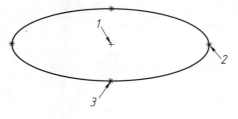

图 3-5　椭圆的绘制

图 3-6　绘制抛物线

二、特征

1. 放样切除

放样是通过在轮廓之间进行过渡生成特征。放样可以是凸台/基体、切除或曲面。可以使用两个或多个轮廓生成放样。可以仅第一个或最后一个轮廓是点，也可以这两个轮廓均为点。

其命令执行有两种方式：

➤ 单击【特征】工具栏中的【放样切除】按钮。

➤ 单击菜单栏【插入】→【切除】→【放样】。

2. 抽壳

抽壳工具会掏空零件，使所选择的面敞开，在剩余的面上生成薄壁特征。

其命令执行有两种方式：

➤ 单击【特征】工具栏中的【抽壳】按钮。

➤ 单击菜单栏【插入】→【特征】→【抽壳】。

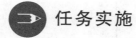 **任务实施**

步骤一　生成长方体

一、进入草图绘制环境

1. 建立新文件。单击【新建】按钮，在弹出的【新建 SolidWorks 文件】对话框中单击【零件】图标，单击【确定】按钮 ▭ 确定 ，进入零件设计工作环境。

2. 确定草图绘制平面。在 FeatureManager 设计树中选择【前视基准面】，单击【前视】按钮，将视图转正，单击【草图】工具栏中的【草图绘制】按钮，在【前视基准面】上打开一张草图。

二、绘制草图

1. 绘制矩形。单击【草图】工具栏中的【矩形】按钮，绘制一个矩形。

2. 标注尺寸。单击【尺寸/几何关系】工具栏中的【智能尺寸】按钮，单击水平线，单击确定尺寸线位置，出现【修改】对话框，将尺寸改为 160 mm，按照此方法标注 220 mm 的尺寸。

3. 完全定义草图。单击【尺寸/几何关系】工具栏中的【添加几何关系】按钮 ⊥，将光标放在下面的水平线上，单击鼠标右键，出现快捷菜单，在快捷菜单中选择【中点】选项，然后再选择原点，为这两个点添加重合几何关系。此时图形以黑色显示，表示此草图完全定义，如图 3-7 所示。

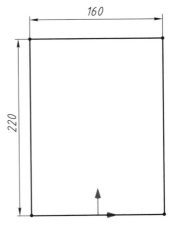

三、退出草图绘制模式

单击图形区右上角的按钮 ，退出草绘模式。此时在 FeatureManager 设计树中显示已完成的"草图 1"的名称。

四、拉伸完成长方体基体

图 3-7　完全定义的基本体的草图

选择 FeatureManager 设计树中的"草图 1"，单击【特征】工具栏中的【拉伸凸台/基体】按钮 ，出现【凸台-拉伸】属性管理器，设置如图 3-8 所示，实体预览中向后拉伸，设置完毕后，单击【确定】按钮 ，生成音箱盖的基本体，如图 3-9 所示。

图 3-8　【凸台-拉伸】属性管理器

图 3-9　生成长方体基体

步骤二　拉伸切除生成圆弧面

一、草图绘制

1. 确定草绘平面。在图形区选择长方体的顶面作为草绘平面，单击【视图】工具栏中的【正视于】按钮 ，将视图转正。

2. 绘制圆弧。单击【草图】工具栏中的【三点圆弧】按钮 ⌒，在大致位置绘制圆弧。

3. 标注尺寸。单击【尺寸/几何关系】工具栏中的【智能尺寸】按钮 ◇，单击圆弧，单击确定尺寸线的位置，出现【修改】尺寸对话框，将尺寸改为 220 mm，此时草图显示为蓝色，说明该草图为欠定义。

4. 完全定义草图。单击【尺寸/几何关系】工具栏中的添加几何关系按钮 ⊥，为轮廓线和圆弧添加相切几何关系，为圆心和原点添加竖直几何关系，将圆弧的两端点分别和左右两侧轮廓线添加重合几何关系，此时草图显示为黑色，如图 3-10 所示，说明草图为完全定义。

二、退出草图绘制模式

单击图形区右上角的按钮 ，退出草绘模式。此时在 FeatureManager 设计树中显示已完成的"草图 2"的名称。

三、生成圆弧面

选择 FeatureManager 设计树中的"草图 2"，单击【特征】工具栏中的【拉伸切除】按钮 回，弹出【切除-拉伸】属性管理器，在【开始条件】下拉列表框中选择【草图基准面】选项，在【终止条件】下拉列表框中选择【完全贯穿】选项，激活【所选轮廓】列表框，在图形区选择需要切除的面，勾选【反侧切除】复选框，如图 3-11 所示，设置完毕后，单击【确定】按钮 ✔，生成圆弧面，如图 3-12 所示。

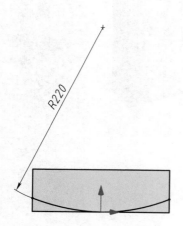

图 3-10　完全定义的圆弧草图

图 3-11　【切除-拉伸】属性管理器

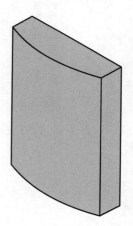

图 3-12　生成圆弧面

步骤三 放样切除生成中间椭圆槽

一、椭圆草图绘制

1. 确定草绘平面。单击【前视基准面】作为草绘平面，单击【视图】工具栏中的【正视于】按钮 ⚓，此时视图重新放置，草绘平面与屏幕平行，将视图转正。

2. 绘制椭圆。单击【草图】工具栏中的【椭圆】按钮 ⬭，在大致位置绘制椭圆。

3. 标注尺寸。单击【尺寸/几何关系】工具栏中的【智能尺寸】按钮 ◈，标注长轴长为120 mm、短轴长为 55 mm、圆心到底面的距离为 175 mm。此时草图为蓝色，说明草图为欠定义，还需添加几何关系进行约束。

4. 完全定义草图。为椭圆长轴的两个端点和椭圆圆心添加水平几何关系，为椭圆圆心和原点添加竖直几何关系，即可完全定义该草图，如图 3-13 所示。

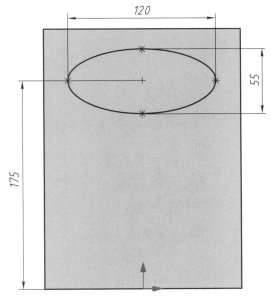

图 3-13 椭圆的草图绘制

二、退出草图绘制模式

单击图形区右上角的按钮 ⬒，退出草绘模式，此时在 FeatureManager 设计树中显示已完成的"草图 3"名称。

三、圆草图绘制

1. 确定草绘平面。单击【参考几何体】工具栏中的【基准面】命令按钮 ◈，出现【基准面】属性管理器，激活【第一参考】选择框，选择【前视基准面】作为第一参考，激活【偏移距离】选择框，输入 10 mm，点取选择【反转】选项。【基准面】属性管理器设置如图 3-14 所示，单击【确定】按钮

✅，生成如图 3-15 所示的基准面。此时在 FeatureManager 设计树中显示已完成的"基准面 1"名称。选择"基准面 1"，单击【视图】工具栏中的【正视于】按钮 ⬆，将视图转正。

2. 绘制圆。单击【草图】工具栏中的【圆】按钮 ⊙，在大致位置绘制圆。

3. 标注尺寸。单击【尺寸/几何关系】工具栏中的【智能尺寸】按钮 ◇，标注圆的直径 $\phi40$ mm。此时草图为蓝色，说明草图为欠定义，还需添加几何关系进行约束。

4. 完全定义草图。为圆心和椭圆中心原点添加重合几何关系，即可完全定义该草图，如图 3-16 所示。

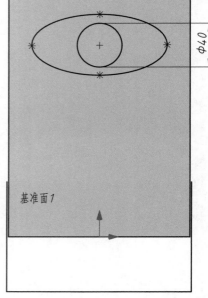

图 3-14　【基准面】属性管理器　　　图 3-15　生成基准面 1　　　图 3-16　圆草图绘制

四、退出草图绘制模式

单击图形区右上角的按钮 ⬆，退出草绘模式，此时在 FeatureManager 设计树中显示已完成的"草图 4"的名称。

五、放样切除生成椭圆凹槽

在菜单栏中单击【插入】→【切除】→【放样】，弹出【切除-放样】属性管理器，设置如图 3-17 所示，单击草图 3 和草图 4 时，拾取点的位置应大致一致，设置完毕后，单击【确定】按钮 ✅，生成椭圆凹槽，如图 3-18 所示。

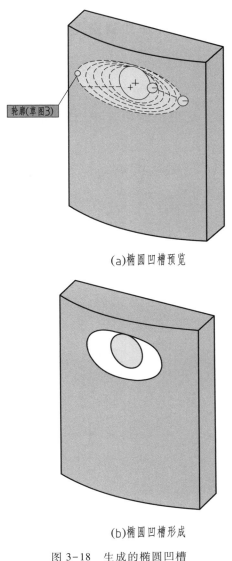

(a)椭圆凹槽预览

(b)椭圆凹槽形成

图 3-17　【切除-放样】属性管理器　　　　　　图 3-18　生成的椭圆凹槽

步骤四　圆孔的生成

一、绘制草图圆

1. 确定草绘平面。单击【基准面 1】作为草绘平面，单击【视图】工具栏中的【正视于】按钮 ，此时视图重新放置，草绘平面与屏幕平行，将视图转正。

2. 绘制草图。单击【草图】工具栏中【草图绘制】按钮 ，选取凹槽中的圆面，单击【草图】工具栏中的【转换实体引用】按钮 ，完成草图绘制，如图 3-19 所示。

二、退出草图绘制模式

单击图形区右上角的按钮，退出草绘模式，此时在 FeatureManager 设计树中显示已完成的"草图 5"的名称。

三、使用拉伸切除生成圆孔

选择 FeatureManager 设计树中的"草图 5"，单击【特征】工具栏中的【拉伸切除】按钮，出现【切除-拉伸】属性管理器，选择【完全贯穿】选项，设置完毕后，单击【确定】按钮，生成圆孔，如图 3-20 所示。

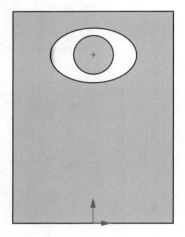
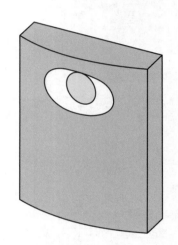

图 3-19　绘制草图圆　　　　　　　　　图 3-20　生成圆孔

步骤五　放样切除生成抛物线凹槽

一、"抛物线 1"草图的绘制

1. 确定草绘平面。单击选取【前视基准面】作为草绘平面，单击【视图】工具栏中的【正视于】按钮，此时视图重新放置，草绘平面与屏幕平行，将视图转正。

2. 绘制草图。使用抛物线命令绘制草图，标注 120 mm、50 mm 的尺寸，添加焦点、顶点和原点竖直几何关系，使草图为完全定义，将抛物线两端点水平连接，如图 3-21 所示。

二、退出草图绘制模式

单击图形区右上角的按钮，退出草绘模式，此时在 FeatureManager 设计树中显示已完成的"草图 6"名称。

三、"抛物线 2"草图的绘制

1. 确定草绘平面。在 FeatureManager 设计树中单击【基准面 1】作为草绘平面，单击【视图】工具栏中的【正视于】按钮 ，此时视图重新放置，草绘平面与屏幕平行，将视图转正。

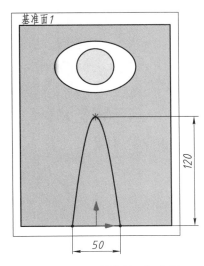

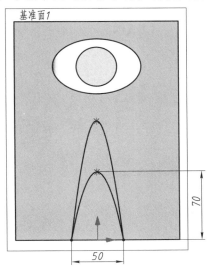

图 3-21　"抛物线 1"草图　　　　　　　图 3-22　"抛物线 2"草图

2. 绘制草图。使用抛物线命令绘制草图，标注 70 mm、50 mm 的尺寸，为焦点、顶点和原点添加竖直几何关系，使草图为完全定义，将抛物线两端点水平连接，如图 3-22 所示。

四、退出草图绘制模式

单击图形区右上角的按钮 ，退出草绘模式，此时在 FeatureManager 设计树中显示已完成的"草图 7"的名称。

五、放样切除生成抛物线凹槽

在菜单栏中单击【插入】→【切除】→【放样】，弹出【切除-放样】属性管理器，设置如图 3-23 所示，单击草图 6 和草图 7 时，拾取点的位置应大致一致，设置完毕后，单击【确定】按钮 ，生成抛物线凹槽，如图 3-24 所示。

图 3-23　【切除-放样】
属性管理器

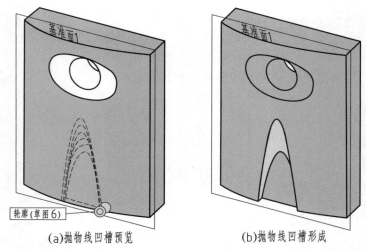

(a)抛物线凹槽预览　　　　　　　(b)抛物线凹槽形成

图 3-24　生成抛物线凹槽

步骤六　创建圆角特征

为了更清晰地建模，可以隐藏基准面，单击【视图】→ 基准面(P)，"基准面 1" 被隐藏。单击【特征】工具栏中的【圆角】按钮 ，出现【圆角】属性管理器，设置如图 3-25 所示，然后选取如图 3-26 所示的边线，设置半径为 5 mm，单击【确定】按钮 ，结果如图 3-27 所示；按照同样的方法，对椭圆、圆、两条抛物线的四条棱线以及两抛物线之间的两条棱线进行圆角特征创建，设置半径为 2 mm，如图 3-28 所示，单击【确定】按钮 ，完成圆角特征。

图 3-25　【圆角】属性管理器

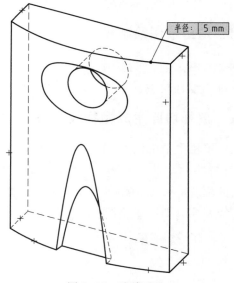

图 3-26　边线选取

图 3-27　边线处的圆角特征

图 3-28　完成圆角特征

步骤七　使用抽壳特征形成薄壁壳体

按住鼠标拖动旋转，选取模型的背面作为【移除面】，然后单击【特征】工具栏中的【抽壳】按钮，出现【抽壳】属性管理器，设置如图 3-29 所示，设置完毕后，单击【确定】按钮，完成壳体，如图 3-30 所示。

图 3-29　【抽壳】属性管理器

图 3-30　薄壁壳体

步骤八　使用拉伸切除特征生成两个小圆孔

一、草图绘制

1. 确定草绘平面。在 FeatureManager 设计树中单击【基准面 1】作为草绘平面，单击【视图】工具栏中的【正视于】按钮，此时视图重新放置，草绘平面与屏幕平行，将视图转正。

2. 绘制草图。使用圆命令绘制草图，并且标注尺寸和添加几何关系，直到草图完全定义，如图 3-31 所示。

二、退出草图绘制模式

单击图形区右上角的按钮，退出草绘模式，此时在 FeatureManager 设计树中显示已完成的"草图8"的名称。

三、拉伸切除生成圆孔，完成音箱盖的三维设计

选择 FeatureManager 设计树中的"草图8"，单击【特征】工具栏中的【拉伸切除】按钮 ▣，出现【切除-拉伸】属性管理器，在【开始条件】下拉列表框中选择【草图基准面】选项，在【终止条件】下拉列表框中选择【完全贯穿】选项，设置完毕后，单击【确定】按钮 ✔，生成两圆孔，此时音箱盖的三维设计全部完成，如图 3-32 所示。

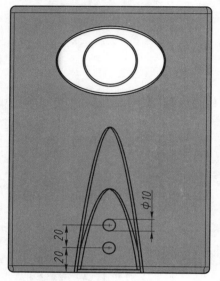

图 3-31　绘制两个圆孔草图

图 3-32　音箱盖

 任务拓展

草图合法性检查与修补。在利用草图生成特征的过程中，有时会遇到系统弹出建模错误信息，这是因为草图不闭合或自相交叉所致。如图 3-33 所示，音箱盖在建模过程中，系统弹出的建模错误信息提示。

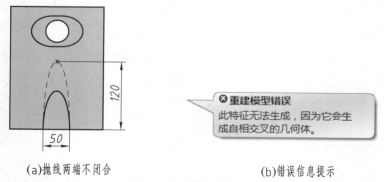

(a)抛线两端不闭合　　　　　　　　　　(b)错误信息提示

图 3-33　建模错误信息

1. 草图合法性检查。在 FeatureManager 设计树中选择"草图 6",单击鼠标右键,在弹出的快捷菜单中选择【编辑草图】📝,进入草图绘制环境。单击菜单栏【工具】→【草图工具】→【检查草图合法性】,出现【检查有关特征草图合法性】对话框,如图 3-34 所示。

在【特征用法】列表中选择【放样截面】,单击【检查】按钮 检查(C),出现 SolidWorks 对话框,如图 3-35 所示,表明抛物线"草图 6"为含有一个开环轮廓的不合法草图。

图 3-34　【检查有关特征草图合法性】对话框　　　　图 3-35　草图有开环轮廓

2. 修复闭合抛物线草图。单击【确定】按钮 确定,在随后出现的【修复草图】对话框中,单击按钮 ✖,退出【修复草图】对话框。单击【草图】工具栏中的【直线】按钮 ＼,将抛物线两端点水平连接,再次进行草图合法性检查,结果如图 3-36 所示,表明草图没有开环轮廓,能够正确完成建模操作。

图 3-36　草图没有开环轮廓

现场经验

➤ 放样特征操作时,为不使模型扭曲,拾取草图轮廓点的位置应大致一致。
➤ 较大半径的圆角操作应该在抽壳操作之前进行,从而避免倒圆破坏抽壳后形成的薄壁。
➤ 外形过于复杂的模型可能会遇到抽壳失败,原则上抽壳厚度要小于抽壳后保留的模型表面的曲率半径。

练习题

1. 在 SolidWorks 中放样方式有几种?简述其在建模中的应用。
2. 完成如图 3-37 所示烟灰缸的数字化设计。

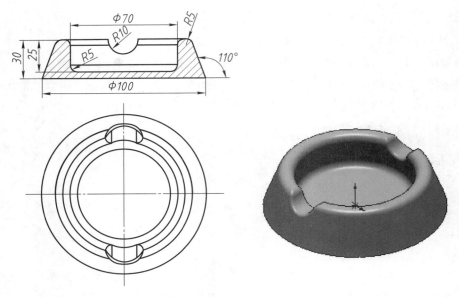

图 3-37　圆形烟灰缸

3. 完成如图 3-38 所示花瓶的三维造型。

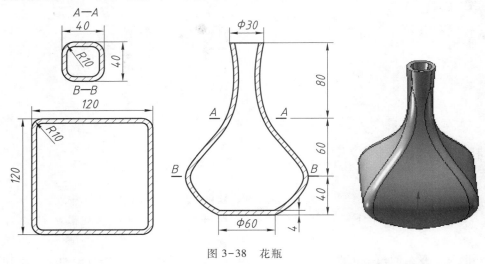

图 3-38　花瓶

4. 完成如图 3-39 所示波纹管的三维模型尺寸见表 3-1。请问模型体积是多少？

5. 参照如图 3-40 所示构建模型，注意其中的对称、重合、等距、同心等约束关系。零件壁厚均为 E。输入答案时请精确到小数点后两位（注意采用正常数字表达方法，而不要采用科学计数法）。

请问模型体积为多少？

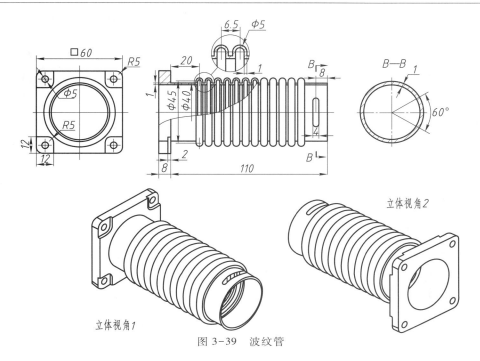

图 3-39　波纹管

表 3-1　波纹管尺寸　　　　　　　　　　　单位：mm

位置	A	B	C	D	E
尺寸	110	30	72	60	1.5

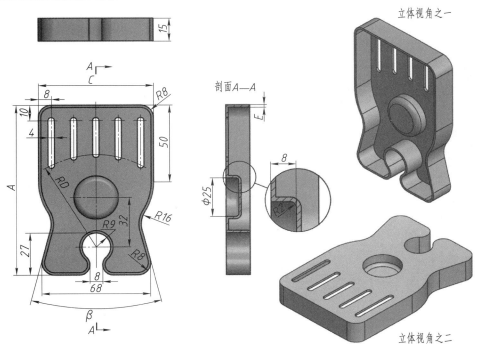

图 3-40

项目四

滤清器管座的数字化设计

技能目标

☐ 具有使用旋转切除、钻孔特征、倒角特征进行三维数字化设计的能力

☐ 能够形成设计意图，灵活运用各种特征进行参数化设计的能力

知识目标

☐ 螺纹孔

☐ 异形孔向导

☐ 倒角特征

 任务引入

轨道交通用内燃机车燃油滤清器管座，如图 4-1 所示。本任务要求完成该零件的三维数字化设计。

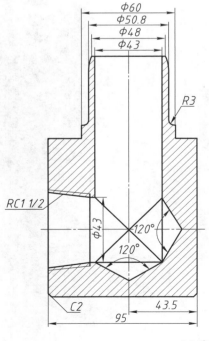
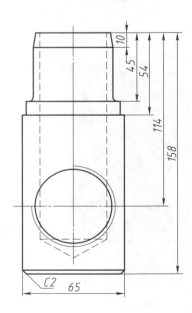

(a)零件图

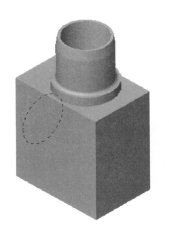

(b)三维实体图

图 4-1　滤清器管座

 任务分析

　　如图 4-1 所示，内燃机车燃油滤清器管座的外形可以用拉伸的方法生成，滤清器管座上部圆锥体和内部锥形钻孔分别用旋转凸台和旋转切除的方法生成。其后，滤清器管座左侧圆锥形管螺纹用异形孔向导生成。最后，对滤清器管座底部棱边进行 C2 倒角处理，从而完成滤清器管座的三维立体造型。

相关知识

一、钻孔特征

　　钻孔特征可以在模型上生成各种类型的孔特征。在平面上放置孔并设定深度，通过以后标注尺寸来指定孔的位置。SolidWorks 中钻孔特征分为简单直孔和异形孔两种特征。

1. 简单直孔特征

简单直孔特征用于在平面上创建各种直径和深度的直孔。

其命令执行有两种方式：

➢ 单击【特征】工具栏中的【简单直孔】按钮 ▣。

➢ 单击菜单栏【插入】→【特征】→【孔】→【简单直孔】。

（1）简单直孔的生成

通过指定直孔的创建平面和设置选项生成简单直孔，简单直孔的【孔】属性管理器如图4-2所示，其中【开始条件】和【终止条件】的选项与拉伸特征相同。

（2）简单直孔的定位

【孔】属性管理器中，没有孔的定位尺寸选项，退出【孔】属性管理器后，定位通过进入草图编辑后，在草图中标注尺寸的方法确定，如图 4-3 所示。

2. 异形孔特征

异形孔特征用于在平面或曲面上创建柱孔、锥孔、孔、管螺纹孔、螺纹孔和旧制孔。

其命令执行有两种方式：

➢ 单击【特征】工具栏中的【异形孔向导】按钮 。

➢ 单击菜单栏【插入】→【特征】→【孔】→【向导】。

（1）异形孔的生成

通过设置孔规格、标准、类型和大小等选项可生成异形孔，异形孔的【孔规格】属性管理器如图 4-4 所示。

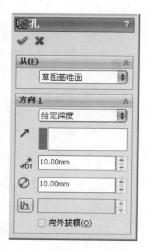

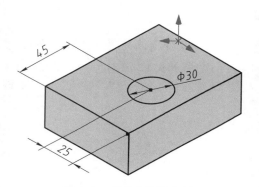

图 4-2 【孔】属性管理器　　　　图 4-3　简单直孔的定位　　　　图 4-4 【孔规格】属性管理器

➢ 孔类型：异形孔的类型有柱孔、锥孔、孔、螺纹孔、管螺纹孔、旧制 6 种类型。

➢ 标准：有多种工业上的标准可供选择，如 ISO、GB 等。

➢ 大小：可以选择孔的大小。

➢ 终止条件选项：

给定深度：设置盲孔的深度。

完全贯穿：从所选择的基准面延伸特征直到穿过所有实体。

成形到下一面：使特征延伸到所选择的基准面的下一平面或曲面。

成形到一顶点：使特征从草图基准面延伸到一个平面，这个平面平行于草图基准面且穿越指定的顶点。

成形到一面：从所选择的基准面延伸特征到指定的一平面或曲面。

到离指定面指定的距离：从所选择的基准面延伸特征到指定的一平面或曲面的指定距离。

（2）异形孔的定位

异形孔生成后，可以转换到【位置】选项卡，使用尺寸和其他草图工具来定位孔中心，如

图 4-5 所示。

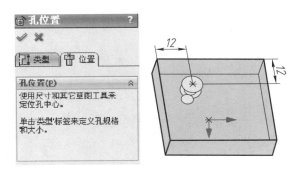

图 4-5　异形孔的定位

二、倒角特征

倒角是指按指定的尺寸斜切实体的棱边，对于凸棱边为去除材料，而对于凹棱边为添加材料。

其命令执行有两种方式：

➢ 单击【特征】工具栏中的【倒角】按钮。

➢ 单击菜单栏【插入】→【特征】→【倒角】。

SolidWorks 中将圆角特征分成四类，如图 4-6 所示。通过【倒角】属性管理器可以设置倒角特征的倒角参数。

➢ 倒角参数选项：

角度距离：通过设定角度和距离来创建倒角，如图 4-7a 所示。

距离-距离：通过设定两个不同方向的距离来创建倒角，如图 4-7b 所示。

顶点：选择一个顶点来创建倒角，可以设定每一侧的距离，如图 4-8 所示。

反转方向：切换倒角的方向（使用角度距离时才可用）。

图 4-6　【倒角】属性管理器

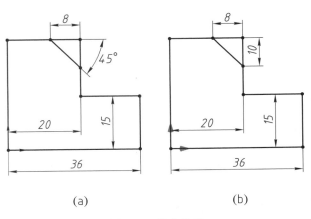

(a)　　　　　　　　(b)

图 4-7　倒角类型

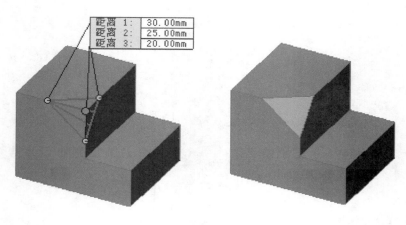

图 4-8　顶点创建倒角

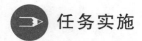 **任务实施**

步骤一　拉伸创建管座长方体基体

1. 建立新文件。单击【新建】按钮，在出现的【新建 SolidWorks 文件】对话框中选择【零件】图标，单击【确定】按钮，进入零件设计工作环境。

2. 在 FeatureManager 设计树中选择【上视基准面】，单击【上视】按钮，将视图转正，单击【草图】工具栏中的【草图绘制】按钮，在【上视基准面】上打开一张草图。

3. 绘制如图 4-9 所示的草图。添加边长为 65 mm 的边中点与原点水平的几何约束，使草图为完全定义。

4. 单击图形区右上角的按钮，退出草绘模式。此时在 FeatureManager 设计树中显示已完成的"草图 1"的名称。

5. 选中 FeatureManager 设计树中的"草图 1"，单击【特征】工具栏中的【拉伸凸台/基体】按钮，设置如图 4-10 所示；设置完毕后，单击【确定】按钮，生成拉伸实体特征，如图 4-11 所示。

步骤二　旋转创建管座上部圆锥体

1. 确定草绘平面。在 FeatureManager 设计树中选择【前视基准面】作为草绘平面，进入草图绘制环境。单击【视图】工具栏中的【正视于】按钮，此时视图重新放置，草绘平面与屏幕平行，将视图转正，绘制如图 4-12 所示的草图。单击图形区右上角的按钮，退出草绘模式。

2. 单击【特征】工具栏中的【旋转】按钮。出现【旋转】属性管理器，设置如图 4-13 所示，设置完毕后，单击【确定】按钮，生成旋转特征，如图 4-14 所示。

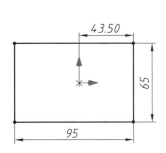

图 4-9　完全定义草图

图 4-10　【拉伸】属性管理器

图 4-11　长方体基体

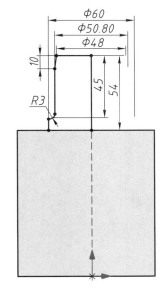

图 4-12　完全定义草图

图 4-13　【旋转】属性管理器

图 4-14　生成旋转基体

步骤三　创建锥形管螺纹

1. 单击【特征】工具栏中的【异形孔向导】按钮 ，出现【孔规格】属性管理器。设置如图 4-15 所示。

2. 完成【孔规格】的参数设置后，单击【位置】选项卡 ，在图形区将光标在管座左侧加工面上单击以初步确定异形孔的位置。

3. 单击【添加几何关系】按钮 ，添加异形孔位置点和原点为竖直几何关系，如图 4-16 所示。

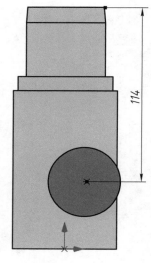

图 4-15　【孔规格】属性管理器　　　　图 4-16　添加竖直几何关系　　　　图 4-17　尺寸标注

4. 单击【智能尺寸】按钮 ，标注如图 4-17 所示的尺寸值，单击【确定】按钮 ，完成锥形管螺纹的创建，如图 4-18 所示。

图 4-18　生成锥形管螺纹

步骤四　旋转切除生成管座内部锥孔

1. 在 FeatureManager 设计树中选择【前视基准面】，单击【草绘】工具栏中的【草图绘制】按钮，系统进入草图绘制状态。

2. 单击【前视】按钮，将视图转正。

3. 单击【视图】工具栏中的按钮，把视图转换至"线架图"模式，绘制如图 4-19 所示的草图。单击图形区右上角的按钮，退出草绘模式。

4. 在 FeatureManager 设计树中单击选中前述草图后，单击【特征】工具栏中的【旋转】切除按钮。出现【切除-旋转】属性管理器，设置如图 4-20 所示，设置完毕后，单击【确定】按钮，生成旋转切除特征，如图 4-21 所示。

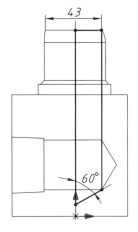

图 4-19　草图绘制　　　　　　图 4-20　【切除-旋转】属性管理器

图 4-21　生成内部锥形孔

步骤五　完成管座底边倒角特征

1. 单击【特征】工具栏中的【倒角】按钮，出现【倒角】属性管理器。

2. 选中【角度距离】单选按钮。激活【边线和面或顶点】列表框，在图形区选取管座底部棱边，设置如图 4-22 所示。

3. 设置完毕后，单击【确定】按钮 ，完成管座底边的倒角，如图 4-23 所示。至此，完成了内燃机车燃油滤清器管座的三维数字化设计。

图 4-22　【倒角】属性管理器

图 4-23　生成倒角

任务拓展

在零件表面雕刻文字图案。如图 4-24 所示，在完成滤清器管座三维建模之后，要求在其端面雕刻"和谐号动车"字样。

1. 选择草图平面。在图形区，鼠标单击滤清器管座左端面作为草绘平面，单击【草图绘制】按钮 🖉，进入草图绘制环境。单击【视图】工具栏中的【正视于】按钮 ⬆，此时视图重新放置，草绘平面与屏幕平行，将视图转正。

2. 绘制文字图案。单击【圆弧】按钮 ⟳，绘制 R40 mm 的圆弧，并把圆弧转换成"构造线"。单击【绘制文字】按钮 🅰，出现【草图文字】属性管理器，分别激活【曲线】选项，在图形区选择圆弧；激活【文字】选项，输入"和谐号动车"，如图 4-25 所示。单击【字体】按钮 字体(F)...，设置字体为："宋体""小二号"，单击【确定】按钮 ✓，完成文字图案，如图 4-26 所示。单击图形区右上角的按钮 🖉，退出草绘模式。

图 4-24　雕刻文字

3. 雕刻文字图案。单击下拉菜单栏【插入】→【特征】→ ▤ 包覆，出现【包覆】属性管理器，选择【包覆参数】为【蚀雕】，激活【包覆草图的面】选项，在图形区选择滤清器的左端面，在【深度】对话框中输入蚀雕深度为 1 mm，如图 4-27 所示。单击【确定】按钮 ✓，完成文字图案的雕刻，如图 4-28 所示。

图 4-25　【草图文字】属性管理器图

图 4-26　绘制文字图案

图 4-27　【包覆】属性管理器

图 4-28　完成雕刻

 现场经验

➤ 解决模型不显示螺纹线的方法。选择 FeatureManager 设计树中的螺纹孔特征，单击右键选择【编辑特征】图标，打开【孔规格】属性管理器，确认【装饰螺线】图标☑装饰螺纹线 处于选中状态。选择 FeatureManager 设计树中的【注解】图标，单击右键出现快捷菜单，单击选择 细节...，出现【注解属性】对话框，同时选中【装饰螺纹线】☑装饰螺纹线(C) 和【上色的装饰螺纹线】☑上色的装饰螺纹线(I) 选项，单击【确定】按钮 确定，螺纹线可正确显示。

➤ 利用 SolidWorks 文字草图建立特征，系统若提示"不能从交叉或开环轮廓生成"，可以通过更换字体、改变文字排列方式或选择【解散草图文字】等方式，对草图文字进行适当修改，以消除文字草图的自相交叉或开环轮廓。

 练习题

1. 当使用【简单直孔】添加孔时，如果在启动命令之前忘记选择面，会发生什么情况？

2. 当使用【异形孔向导】创建特征后，创建了几个草图，它们的作用是什么？

3. 完成如图 4-29 所示的支架的数字化设计。

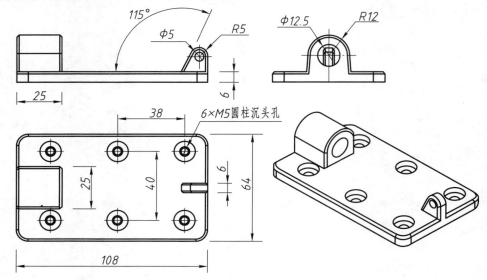

图 4-29　支架

4. 完成如图 4-30 所示的齿轮油泵泵体的数字化设计。

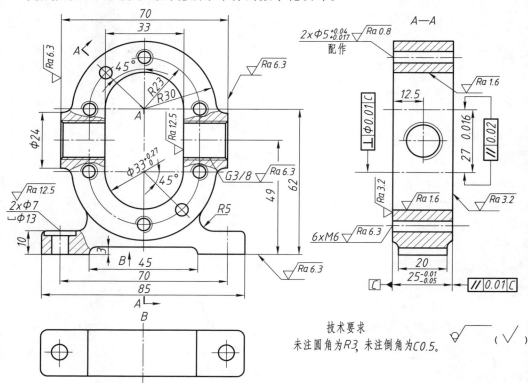

技术要求
未注圆角为R3, 未注倒角为C0.5。

图 4-30　齿轮油泵泵体

项目五

三通管的数字化设计

技能目标
- 掌握基准轴、钻孔、特征阵列和筋的操作
- 具有使用基准面、特征阵列、筋特征进行参数化设计的能力

知识目标
- 基准轴
- 特征阵列
- 筋特征

 任务引入

三通管如图 5-1 所示，本任务要求完成该零件的三维数字化设计。

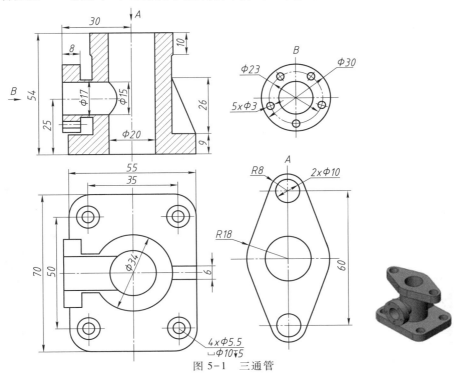

图 5-1　三通管

任务分析

如图 5-1 所示，三通管的造型，首先是由底座草图截面拉伸形成，然后在底座上以搭积木的方式，分别构建中间圆柱、顶面凸缘以及侧面凸缘；其后，在底座上创建异形孔特征，通过线性阵列完成底座上沉孔的建立，接着在侧面凸缘上创建孔，对孔进行圆周阵列完成其他圆孔的创建；最后创建筋特征，从而完成三通管的三维数字化设计。

相关知识

一、基准轴

基准轴是创建特征的辅助轴线，可用于生成草图几何体或用于圆周阵列等。

1. 临时基准轴的显示

SolidWorks 中创建的圆柱、圆锥和圆孔等回转体的中心线可以作为临时基准轴。需要时可显示基准轴，临时基准轴显示为蓝色，如图 5-2 所示。

其命令执行有两种方式：

➢ 单击【特征】工具栏中的【观阅临时轴】按钮 。

➢ 单击菜单栏【视图】→【临时轴】。

2. 创建基准轴

根据需要可以创建基准轴作为辅助轴线。

其命令执行有两种方式：

➢ 单击【参考几何体】工具栏中的【基准轴】按钮 。

➢ 单击菜单栏【插入】→【参考几何体】→【基准轴】。

执行命令之后，出现如图 5-3 所示的【基准轴】属性管理器，提供了五种创建基准轴的方式，创建的基准轴显示为绿色，如图 5-4 所示。

图 5-2　临时基准轴　　　　图 5-3　【基准轴】属性管理器　　　　图 5-4　创建的基准轴

- ➤  ——以草图的边线或直线创建基准轴。
- ➤ 两平面(T) ——以两平面或两基准面的交线创建基准轴。
- ➤ 两点/顶点(W) ——以两点的连线创建基准轴。
- ➤ 圆柱/圆锥面(C) ——以圆柱或圆锥面的中心线创建基准轴。
- ➤ 点和面/基准面(P) ——过指定的点垂直于所选的面创建基准轴。

二、特征阵列

特征阵列指将选择的特征作为源特征进行成组复制，从而创建与源特征相同或相关联的子特征。SolidWorks 提供了三种类型的特征阵列：线性阵列、圆周阵列和曲线驱动的阵列，其中常用的是前两种。

1. 线性阵列

线性阵列用于沿一个或两个相互垂直的线性路径阵列源特征。

其命令执行有两种方式：

- ➤ 单击【特征】工具栏中的【线性阵列】按钮 ▦。
- ➤ 单击菜单栏【插入】→【阵列/镜向】→【线性阵列】。

执行命令后，出现【线性阵列】属性管理器，默认状态下是常用的基本线性阵列。另外，在【选项】选项组中出现【随形变化】和【几何体阵列】复选框，下面作详细介绍。

（1）基本线性阵列

线性阵列主要通过设置阵列方向、特征之间的间距以及实例数来完成的，执行线性阵列命令后，出现【线性阵列】属性管理器，在"方向 1"和"方向 2"分别选择如图 5-5 所示的边线，设置如图 5-5 所示，其他栏目选用默认值。

图 5-5　基本线性阵列实例

（2）随形变化阵列

选择随形变化阵列可使阵列实例重复时改变其尺寸。

1）生成基体零件，拉伸直角梯形特征，该特征厚度为 4 mm，在直角梯形的表面上绘制一梯形草图，利用【拉伸-切除】命令形成一切除特征，如图 5-6 所示。

2）单击【特征】工具栏中的【线性阵列】按钮 ⊞，出现【阵列（线性）1】属性管理器，在【方向】列表框【水平尺寸】输入"5"，在【选项】中选择【随形变化】复选框，设置如图 5-7a 所示，单击【确定】按钮 ✔，完成随形变化阵列，如图 5-7b 所示。

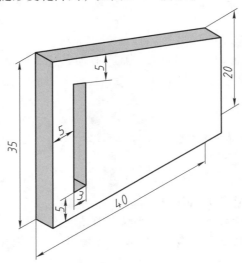

图 5-6　有梯形槽的梯形基体

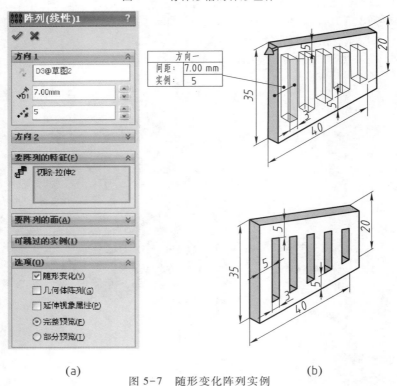

(a)　　　　　　　　　　　　　　　　　(b)

图 5-7　随形变化阵列实例

（3）几何体阵列

几何体阵列是线性阵列的一个选项，只使用特征的几何体（面和边线）来完成阵列。打开对应文件，执行线性阵列命令，出现【阵列（线性 1）】属性管理器，在【选项】选项组中取消选择【几何体阵列】复选框，如图 5-8a 所示，单击【确定】按钮 ✓，完成斜圆柱的几何体阵列，如图 5-8b 所示。

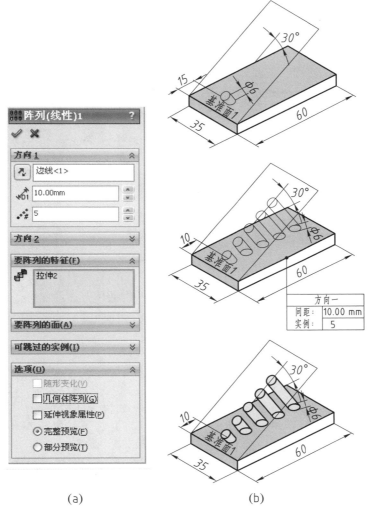

(a)　　　　　　　　(b)

图 5-8　几何体阵列实例

2. 圆周阵列

圆周阵列主要用于绕基准轴沿圆周方向阵列源特征，主要用在圆周方向特征均匀分布的情况。

其命令执行有两种方式：

➢ 单击【特征】工具栏中的【圆周阵列】按钮 ✚。

➢ 单击菜单栏【插入】→【阵列/镜向】→【圆周阵列】。

　　打开对应文件，单击【视图】→【临时轴】，大圆柱的临时轴以蓝色显示。执行圆周阵列命令，出现【圆周阵列】属性管理器，选择大圆柱的临时轴作为阵列轴，设置如图 5-9a 所示，单击【确定】按钮✔，完成的圆周阵列如图 5-9b 所示。

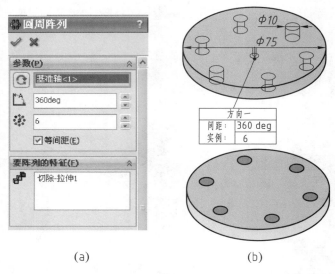

(a)　　　　　　　　　　　　　　(b)

图 5-9　圆周阵列实例

三、筋特征

　　为加强零件的强度、刚度，在零件上往往设计筋。筋是从开环或闭环绘制的轮廓所生成的特殊类型拉伸特征，它在轮廓与现有零件之间添加指定方向和厚度的材料。

　　其命令执行有两种方式：

➤ 单击【特征】工具栏中的【筋】按钮👆。

➤ 单击菜单栏【插入】→【特征】→【筋】。

　　打开光盘上的对应文件，在【前视基准面】上绘制如图 5-10a 所示的草图，执行【筋】特征命令，出现【筋】属性管理器，设置如图 5-10b 所示，筋生成预览如图 5-10c 所示，单击【确定】按钮✔，完成筋特征的生成，如图 5-10d 所示。

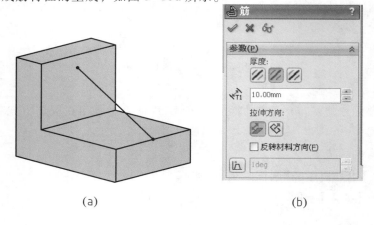

(a)　　　　　　　　　　　　　　(b)

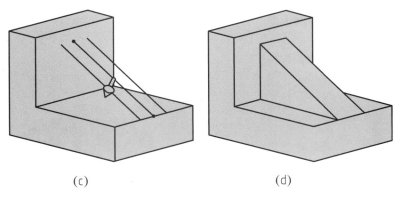

(c)　　　　　　　　　　　　　　(d)

图 5-10　筋特征实例

➡ 任务实施

步骤一　使用拉伸基体生成底座

1. 建立新文件。单击【新建】按钮 ⬜，在出现的【新建 SolidWorks 文件】对话框中单击【零件】图标，单击【确定】按钮，进入零件工作环境。

2. 在 FeatureManager 设计树中选择【上视基准面】，单击【上视】按钮 ⊞，将视图转正，单击【草图】工具栏中的【草图绘制】按钮 ✏，在【前视基准面】上打开一张草图。

3. 绘制如图 5-11 所示的"草图 1"。

4. 单击图形区右上角的按钮 ⬚，退出草绘模式。此时在 FeatureManager 设计树中显示已完成的"草图 1"的名称，如图 5-12 所示。

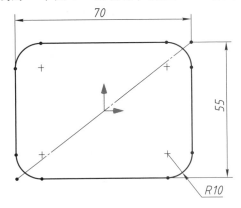

图 5-11　添加约束后的"草图 1"

图 5-12　FeatureManager 设计树

5. 在 FeatureManager 设计树中的"草图 1"被选中时，单击【特征】工具栏中的【拉伸凸台】按钮 ⬚，出现【凸台-拉伸】属性管理器，设置如图 5-13 所示；设置完毕后，单击【确定】按钮 ✅，生成拉伸实体特征，如图 5-14 所示。

图 5-13 【凸台-拉伸】属性管理器

图 5-14 生成的基体特征

步骤二　生成圆柱体

1. 单击选取长方体的上表面作为草绘平面，并单击【视图】工具栏中的【正视于】按钮 🔝，将视图转正。

2. 单击【草图】工具栏中的【草图绘制】按钮 ，系统进入草图绘制状态，绘制如图 5-15 所示的"草图 2"。

3. 单击图形区右上角的按钮 ，退出草绘模式，此时在 FeatureManager 设计树中显示已完成的"草图 2"的名称。

4. 在 FeatureManager 设计树中的"草图 2"被选中时，单击【特征】工具栏中的【拉伸凸台】按钮 ，出现【凸台-拉伸】属性管理器，设置如图 5-16 所示；设置完毕后，单击【确定】按钮 ，生成拉伸实体特征，如图 5-17 所示。

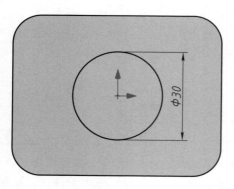

图 5-15　草图 2

图 5-16 【凸台-拉伸】属性管理器

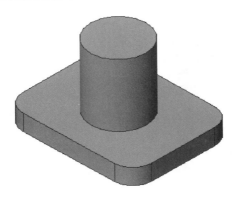

图 5-17　生成的拉伸特征

步骤三　生成菱形基体

1. 单击选取圆柱的上表面作为草绘平面，并单击【视图】工具栏中的【正视于】按钮，将视图转正。

2. 单击【草图】工具栏中的【草图绘制】按钮，系统进入草图绘制状态，绘制如图 5-18 所示的"草图 3"。

3. 单击图形区右上角的按钮，退出草绘模式，此时在 FeatureManager 设计树中显示已完成的"草图 3"的名称。

4. 在 FeatureManager 设计树中的"草图 3"被选中时，单击【特征】工具栏中的【拉伸凸台】按钮，出现【凸台-拉伸】属性管理器，设置如图 5-19 所示；设置完毕后，单击【确定】按钮，生成拉伸实体特征，如图 5-20 所示。

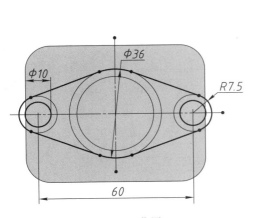

图 5-18　草图 3

图 5-19　【凸台-拉伸】属性管理器

图 5-20　生成的拉伸特征

步骤四　侧面凸缘的生成

1. 单击【参考几何体】工具栏中的【基准面】按钮，出现【基准面】属性管理器，单击【偏移距离】按钮，设置如图 5-21 所示；设置完毕后，单击【确定】按钮 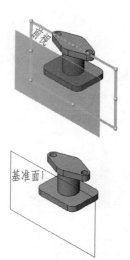，生成基准面，如图 5-22 所示。此时在 FeatureManager 设计树中显示已创建的"基准面 1"的名称，如图 5-23 所示。

图 5-21 【基准面】属性管理器

图 5-22 生成的基准面

2. 单击【视图】工具栏中的【正视于】按钮 ，将视图转正，单击【草图】工具栏中的【草图绘制】按钮 ，在基准面 1 上打开一张草图。

3. 绘制如图 5-24 所示的"草图 4"。

图 5-23 FeatureManager 设计树

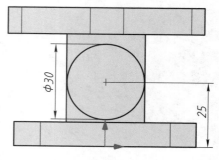

图 5-24 草图 4

4. 单击图形区右上角的按钮 ，退出草绘模式，此时在 FeatureManager 设计树中显示已完成的"草图 4"的名称。

5. 在 FeatureManager 设计树中的"草图 4"被选中时，单击【特征】工具栏中的【拉伸凸台】按钮 ，出现【凸台-拉伸】属性管理器，设置如图 5-25 所示；设置完毕后，单击【确定】按钮 ✅，生成拉伸实体特征，如图 5-26 所示。

图 5-25 【凸台-拉伸】属性管理器

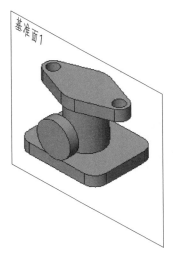

图 5-26 生成的拉伸特征

步骤五 生成凸缘与圆柱之间的连接体

1. 单击选取圆柱的内侧表面作为草绘平面，如图 5-27 所示，并单击【视图】工具栏中的【正视于】按钮 ⚓，将视图转正。

2. 单击【草图】工具栏中的【草图绘制】按钮 ⬚，系统进入草图绘制状态，绘制如图 5-28 所示的"草图 5"。

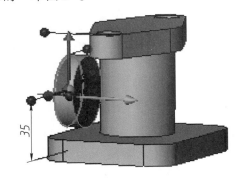

图 5-27 选择草绘平面

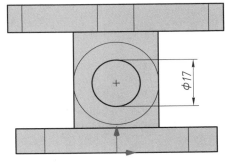

图 5-28 草图 5

3. 单击图形区右上角的按钮 ⬚，退出草绘模式，此时在 FeatureManager 设计树中显示已完成的"草图 5"的名称。

4. 在 FeatureManager 设计树中的"草图 5"被选中时，单击【特征】工具栏中的【拉伸凸台】按钮 ⬚，出现【凸台-拉伸】属性管理器，设置如图 5-29 所示；设置完毕后，单击【确定】按钮 ✅，生成拉伸实体特征，如图 5-30 所示。

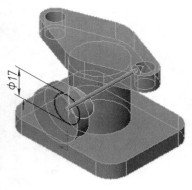

图 5-29 【凸台-拉伸】属性管理器及预览

图 5-30 生成的拉伸特征

步骤六 创建拉伸切除特征

1. 单击选取实体的上表面作为草绘平面，单击【视图】工具栏中的【正视于】按钮，将视图转正，单击【草图】工具栏中的【草图绘制】按钮，系统进入草图绘制状态。

2. 绘制如图 5-31 所示的"草图 6"。

3. 单击图形区右上角的按钮，退出草绘模式，此时在 FeatureManager 设计树中显示已完成的"草图 6"的名称。

4. 在 FeatureManager 设计树中的"草图 6"被选中时，单击【特征】工具栏中的【拉伸切除】按钮，出现【切除-拉伸】属性管理器，设置如图 5-32 所示；设置完毕后，单击【确定】按钮，生成拉伸切除特征，如图 5-33 所示。

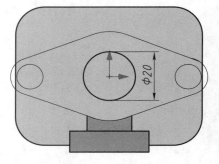

图 5-31 草图 6

图 5-32 【切除-拉伸】属性管理器

图 5-33 生成的拉伸切除特征

步骤七　凸缘上圆孔的生成

1. 单击选取【基准面1】作为草绘平面，单击【视图】工具栏中的【正视于】按钮 ⬆，将视图转正，单击【草图】工具栏中的【草图绘制】按钮 ⬚，系统进入草图绘制状态。

2. 绘制如图5-34所示的"草图7"。

3. 单击图形区右上角的按钮 ⬚，退出草绘模式，此时在 FeatureManager 设计树中显示已完成的"草图7"的名称。

4. 在 FeatureManager 设计树中的"草图7"被选中时，

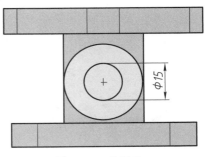

图5-34　草图7

单击【特征】工具栏中的【拉伸切除】按钮 ⬚，出现【切除-拉伸】属性管理器，设置如图5-35所示；设置完毕后，单击【确定】按钮 ✔，生成拉伸切除特征，如图5-36所示。

图5-35　【切除-拉伸】属性管理器

图5-36　生成的拉伸切除特征

步骤八　底座上沉孔的生成

1. 单击选取底座上表面作为草绘平面，单击【特征】工具栏中的【异形孔向导】按钮 ⬚，出现【孔规格】属性管理器，设置如图5-37所示。

2. 完成异形孔的参数设置后，转换至【位置】选项卡，在加工面上单击鼠标左键以确定异形孔位置，如图5-38所示。单击【智能尺寸】按钮 ◈，标注如图5-39所示的尺寸值，单击【确定】按钮 ✔，完成异形孔特征的创建，生成的异形孔特征如图5-40所示。

3. 线性阵列沉孔。单击【特征】工具栏中的【线性阵列】按钮 ⬚，选择底座的两条棱边为阵列方向，同时设置两个方向上的间距和实例数，如图5-41所示，预览时阵列方向相反，可单击【反向】按钮 ⬚。

4. 设置完成后，单击【确定】按钮 ✔，完成线性阵列的创建，如图5-42所示。

图 5-37 【孔规格】属性管理器

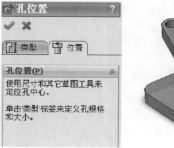

图 5-38 【孔位置】选项卡

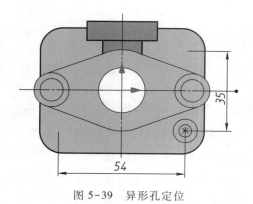

图 5-39 异形孔定位

图 5-40 创建的异形孔特征

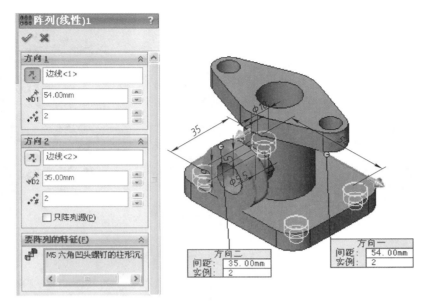

图 5-41　【阵列(线性)1】属性管理器

图 5-42　创建的线性阵列

步骤九　凸缘上小孔的生成

1. 单击选取【基准面1】作为草绘平面，单击【视图】工具栏中的【正视于】按钮 ，将视图转正，单击【草图】工具栏中的【草图绘制】按钮 ，系统进入草图绘制状态。

2. 绘制如图 5-43 所示的"草图10"。

3. 单击图形区右上角的按钮 ，退出草绘模式，此时在 FeatureManager 设计树中显示已完成的"草图10"的名称。

4. 在 FeatureManager 设计树中的"草图10"被选中时，单击【特征】工具栏中的【拉伸切除】按钮 ，出现【切除-拉伸】属性管理器，设置如图 5-35 所示；设置完毕后，单击【确定】按钮 ，生成拉伸切除特征，如图 5-44 所示。

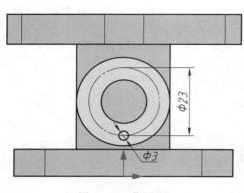

图 5-43　草图 10

图 5-44　生成的拉伸切除特征

5. 圆周阵列凸缘上的小孔。单击视图临时轴，圆柱的轴线出现在实体上，如图 5-45 中蓝色线条所示。单击【特征】工具栏中的【圆周阵列】按钮 ✿，在 FeatureManager 设计树中选择左侧凸缘的临时轴和阵列特征孔，并设置总角度和实例数，预览时阵列方向相反，可单击【反向】按钮 ⟳，如图 5-46 所示。设置完毕后，单击【确定】按钮 ✔，完成圆周阵列的创建，如图 5-47 所示。

图 5-45　调用临时轴

图 5-46　【阵列(圆周)1】属性管理器

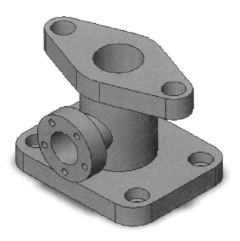

图 5-47　生成凸缘上圆周分布的小孔

步骤十　创建筋特征

1. 在 FeatureManager 设计树中选择【右视基准面】，单击【右视】按钮 ⬚，将视图转正，单击【草图】工具栏中的【草图绘制】按钮 ✏，在【右视基准面】上打开一张草图。

2. 绘制如图 5-48 所示的"草图 11"。

3. 单击图形区右上角的按钮 ⬚，退出草绘模式。此时在 FeatureManager 设计树中显示已完成的"草图 11"的名称。

4. 在 FeatureManager 设计树中的"草图 11"被选中时，单击【特征】工具栏中的【筋】按钮 ⬚，出现【筋】属性管理器，设置如图 5-49 所示；设置完毕后，单击【确定】按钮 ✔，生成筋特征。

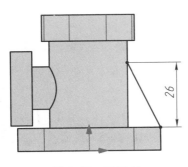

图 5-48　草图 11

图 5-49　【筋】属性管理器

5. 将光标放在 FeatureManager 设计树中的"基准面 1"上单击鼠标右键，在弹出的快捷菜单中选择【隐藏】选项，以同样的方式隐藏临时轴 1，此时的零件模型如图 5-1b 所示。

6. 将零件存盘并退出零件设计模式，零件模型命名为"三通管"。

任务拓展

三通管的渲染。在产品设计过程中，为了预览产品在加工后的视觉效果，就要对产品模型进行必要的渲染。本拓展任务是使用 SolidWorks 自带的渲染工具插件 PhotoView 360 对三通管模型进行渲染。

1. 激活 PhotoView 360 插件。单击下拉菜单栏【工具】→【插件】，出现【插件】属性管理器，选择 PhotoView 360 复选框 ☑ ● PhotoView 360，单击【确定】按钮，完成 PhotoView 360 插件的激活，这时下拉菜单栏中出现【PhotoView 360】下拉菜单图标 PhotoView 360。

2. 添加外观颜色。单击下拉菜单栏中的【PhotoView 360】→【编辑外观】，出现【颜色】属性管理器，同时屏幕右侧弹出【外观、布景和贴图】任务窗口，如图 5-50 所示。

(a)【颜色】属性管理器　　　(b)【外观、布景和贴图】窗口

图 5-50　添加外观颜色

3. 定义外观颜色。在【外观、布景和贴图】任务窗口中单击展开 ⊞ ● 外观(color) 节点，再单击展开 ⊞ ● 金属，选择节点下的 ● 钢 文件夹，选择预览区域的【碳钢】，在【颜色】属性管理器中单击【确定】按钮 ✔，将外观颜色添加到模型中。

4. 添加布景。单击下拉菜单栏中的【PhotoView 360】→【编辑布景】，出现【编辑布景】属性管理器，同时屏幕右侧弹出【外观、布景和贴图】任务窗口，如图 5-51 所示。

5. 选择布景。在【外观、布景和贴图】任务窗口双击打开【工作间布景】文件夹，选择【反射方格地板】，在【编辑布景】管理器中单击【确定】按钮 ✔，将外布景添加到模型中。

6. 完成模型渲染。单击下拉菜单栏中的【PhotoView 360】→【最终渲染】，出现【最终渲染】属性管理器，并开始渲染，渲染结束后，单击【保存】按钮 保存图像，完成三通管模型的渲染，如图 5-52 所示。

(a)【编辑布景】属性管理器

(b)【外观、布景和贴图】窗口

图 5-51　添加布景

图 5-52　渲染效果

 现场经验

➤ 设计开始时，应仔细分析模型的几何关系，对于存在对称关系的模型，可以考虑打开菜单栏【视图】下拉菜单，勾选显示原点图标 ⚓，草图绘制从图形区原点 ⌐ 开始。

➤ 设计过程中，尽量利用系统的推理线添加必要的几何关系，绘制完成大致的草图轮廓后，再按顺序从小到大，标注同类尺寸。

➤ 装饰圆角一般在模型的基本形状完成后再添加，添加圆角的顺序一般是从大到小。在某些边线添加圆角失败的原因是因为圆角半径值设置过大所至，减小圆角半径值可以快速解决问题。

 练习题

1. 请按照上面的顺序自己试做一遍，体会作图顺序，回味作图过程。
2. 描述线性阵列和圆周阵列特征的创建过程。
3. 完成如图 5-53 所示支架的三维数字化设计。
4. 完成如图 5-54 所示法兰盘的三维数字化设计。
5. 完成如图 5-55 所示机座的三维数字化设计。

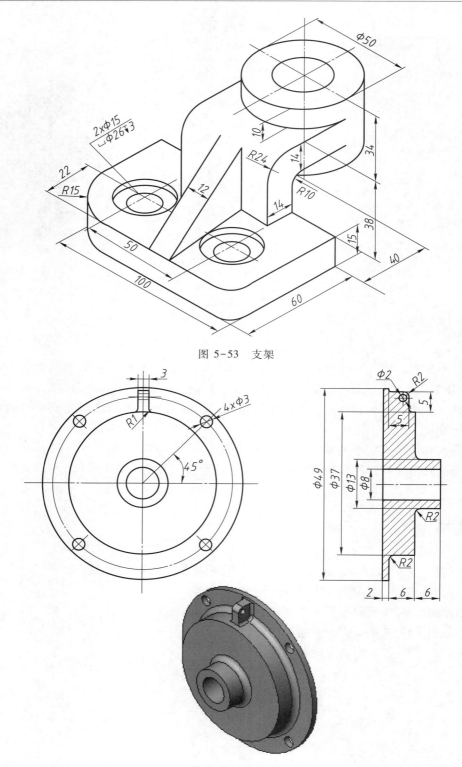

图 5-53　支架

图 5-54　法兰盘

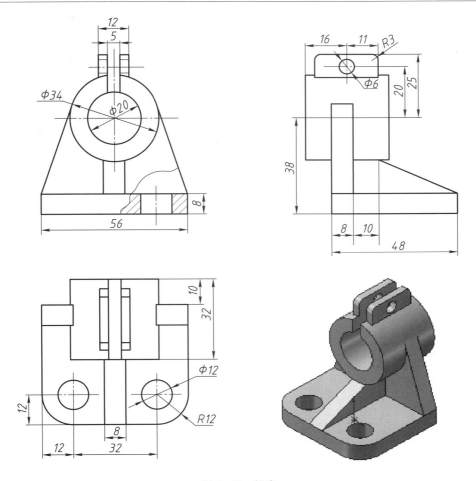

图 5-55　机座

项目六

螺杆的数字化设计

👆 任务引入

螺杆如图 6-1 所示，本任务要求完成如图 6-1 所示螺杆的三维数字化设计。

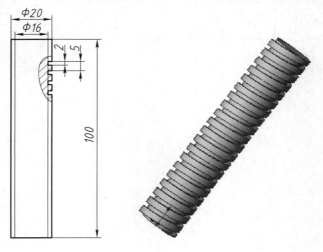

图 6-1　螺杆

🔧 任务分析

我们在前面已经学习了通过拉伸特征和旋转特征创建机械零件的方法。根据螺杆零件的结构特点，首先是通过拉伸特征创建圆柱体；然后在圆柱体上绘制螺旋线；最后绘制矩形截面，使其沿圆柱体上的螺旋线扫描切除，从而完成螺杆的三维数字化设计。

相关知识

一、扫描特征

扫描特征是通过沿着路径来移动一个草图截面，生成扫描实体的特征。

扫描特征中草图截面必须是闭环的；路径可以为开环的或闭环的，但路径的起点必须在草图截面的基准面上。路径可以是用户绘制的草图，也可以是模型上的直线或曲线。不论是截面、路径或所形成的实体，都不能出现自相交叉的情况。

其命令执行有两种方式：

➤ 单击【特征】工具栏中的【扫描】按钮 🔄 。

➤ 单击菜单栏【插入】→【凸台/基体】→【扫描】。

1. 简单扫描特征

简单扫描特征是由一条路径和一个草图截面构成，简单扫描的特征截面是相同的。在【前视基准面】上绘制一条直线作为路径，在【上视基准面】上绘制一个 φ20 mm 的圆，为圆心和直线添加穿透几何关系。执行扫描命令，出现【扫描】属性管理器，在【轮廓和路径】选项框下单击激活【轮廓】 🔄 选框，然后在图形区中选择"草图 1"。单击激活【路径】 🔄 选框，在图形区中选择"草图 2"，如图 6-2a 所示。预览如图 6-2b 所示，单击【确定】按钮 ✔ ，完成简单扫描特征，如图 6-2c 所示。

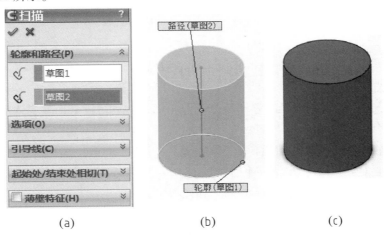

(a)　　　　　　　　(b)　　　　　　　　(c)

图 6-2 简单扫描特征

2. 带引导线的扫描特征

特征截面在扫描的过程中是变化时，必须使用带引导线的方式创建扫描特征，但引导线和路径必须不在同一草图内。添加了引导线后，在扫描的过程中，引导线可以控制特征截面随路径的变化。

在【前视基准面】上绘制一条长 50 mm 的直线作为路径，完成一个草图。再重新选择【前视基准面】绘制一条样条曲线作为引导线，在【上视基准面】上绘制一圆作为轮廓，注意圆和曲线的端点要重合，如图 6-3a 所示。执行扫描命令，出现【扫描】属性管理器，在【轮廓和路径】选项框下单击激活【轮廓】🗋 选框，然后在图形区中选择"草图 5"。单击激活【路径】🗋 选框，在图形区中选择"草图 3"，在【引导线】选项框下单击激活【引导线】🗋 选框，然后在图形区中选择"草图 4"，设置如图 6-3b 所示。特征预览如图 6-3c 所示，单击【确定】按钮 ✔，完成引导线扫描，如图 6-3d 所示。

注意：添加与不添加引导线，特征形状是完全不同的。

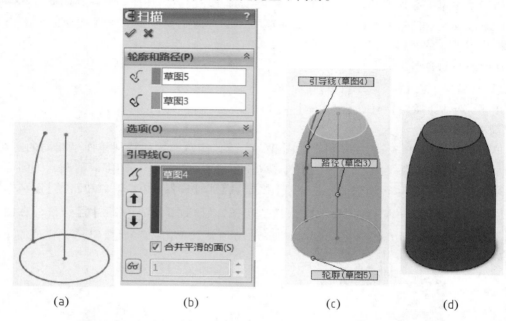

(a)　　　　　　　(b)　　　　　　　(c)　　　　　　　(d)

图 6-3　带引导线的扫描特征

3. 切除-扫描

切除-扫描是指通过沿着路径来移动一个草图轮廓，生成扫描来切除实体的特征。
其命令执行有两种方式：

➢ 单击【特征】工具栏中的【扫描切除】按钮 🗋。
➢ 单击菜单栏【插入】→【切除】→【扫描】。

切除-扫描特征的操作与扫描特征相同，如图 6-4 所示。

图 6-4　扫描切除实例

二、3D 螺旋线

螺旋线功能是指通过一个圆创建出一条具有恒定螺距或可变螺距的螺旋线。在 SolidWorks 中要产生螺旋线，必须先绘制一个基础圆。

其命令执行有两种方式：

➤ 单击【曲线】工具栏中的【螺旋线/涡状线】按钮 ❻。

➤ 单击菜单栏【插入】→【曲线】→【螺旋线/涡状线】。

SolidWorks 中，定义螺旋线的方式可分为三种，如图 6-5 所示。

图 6-5　定义螺旋线的三种方式

在【上视基准面】上绘制一个 φ20 mm 的圆。执行螺旋线命令，出现如图 6-5 所示的【螺旋线/涡状线】属性管理器，根据已知条件进行选择，即可完成螺旋线绘制。

 任务实施

步骤一　生成螺杆圆柱体外形实体

1. 建立新文件。单击【新建】按钮 ▢，在出现的【新建 SolidWorks 文件】对话框中单击【零件】图标，单击【确定】按钮，进入零件工作环境。在 FeatureManager 设计树中选择【上视基准面】，单击【上视】按钮 ▣，将视图转正，单击【草图】工具栏中的【草图绘制】按钮 ▧，在【上视】基准面上打开一张草图。

2. 绘制螺杆外形轮廓草图。单击【草图】工具栏中的【圆】按钮 ◉，绘制一圆心与原点重合，直径为 φ20 mm 的圆，如图 6-6a 所示。单击图形区右上角的按钮 ▧，退出草绘模式。此时在 FeatureManager 设计树中显示已完成的"草图 1"的名称，如图 6-6b 所示。

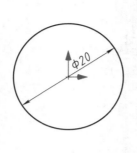

(a)草图1   (b)FeatureManager设计树

图 6-6　螺杆外形轮廓草图

3. 生成螺杆圆柱体外形实体拉伸。在 FeatureManager 设计树中的"草图 1"被选中时，单击【特征】工具栏中的【拉伸凸台】按钮 🔘，出现【凸台-拉伸】属性管理器，设置如图 6-7a 所示；设置完毕后，单击【确定】按钮 ✔，拉伸实体特征生成，如图 6-7b 所示。

(a)【凸台-拉伸】属性管理器   (b)螺杆圆柱体

图 6-7　生成螺杆圆柱体

步骤二　绘制螺旋线

1. 确定螺旋线基准圆平面。在 FeatureManager 设计树中选择【上视基准面】，单击【上视】按钮 ⊞，将视图转正，单击【草图】工具栏中的【草图绘制】按钮 ✍，系统进入草图绘制状态。

2. 绘制螺旋线基准圆。单击【草图】工具栏中的【转换实体引用】按钮 🔲，出现【转换实体引用】属性管理器，单击激活【要转换的实体】选择对话框，在图形区选择圆柱体外轮廓边线，如图 6-8 所示。单击【确定】按钮 ✔，这时圆柱体外轮廓圆投影到上视基准面生成草图，如图 6-9 所示。单击图形区右上角的按钮 🔄，退出草绘模式，此时在 FeatureManager 设计树中显示已完成的"草图 2"的名称。

3. 生成螺旋线。单击【曲线】工具栏中的【螺旋线/涡状线】按钮 🗿，出现【螺旋线/涡状线】属性管理器如图 6-10a 所示设置；设置完毕后，单击【确定】按钮 ✔，在圆柱体上生成螺旋线，如图 6-10b 所示。

图 6-8　【转换实体引用】属性管理器

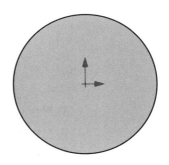

图 6-9　螺旋线基准圆草图

(a)螺旋线选项设置

(b)螺旋线

图 6-10　生成的螺旋线

步骤三　创建外螺纹

1. 绘制扫描切除轮廓草图。在 FeatureManager 设计树中选择【右视基准面】，单击【视图】工具栏中的【正视于】按钮 ，将视图转正。单击【草图】工具栏中的【草图绘制】按钮 ，在【右视基准面】上打开一张草图。绘制如图 6-11 所示的草图 3。单击图形区右上角的按钮 ，退出草绘模式，此时在 FeatureManager 设计树中显示已完成的"草图 3"的名称。

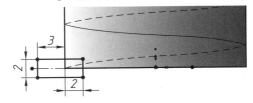

图 6-11　扫描切除轮廓草图 3

2. 完成扫描切除。单击【特征】工具栏中的【扫描切除】按钮 ，出现【切除-扫描】属性管理器，在【轮廓和路径】下单击激活【轮廓】，在图形区域中选择"草图 3"；单击激活【路径】，在图形区中选择"螺旋线/涡状线 1"，如图 6-12a 所示。设置完成后，单击【确定】按钮✔，完成扫描切除特征的创建，如图 6-12b 所示。

(a)设置扫描切除选项　　　　(b)完成扫描切除

图 6-12　完成螺杆外螺纹的创建

3. 将零件存盘并退出零件设计模式，零件模型命名为"螺杆"。

 任务拓展

螺杆参数化设计。使用 SolidWorks 系统的方程式，在螺杆的建模过程中通过参数创建关系，在设计过程中，可以通过修改参数值来改变整个模型的形状，实现螺杆的参数化设计。本拓展任务是根据螺杆的使用条件(要求螺杆长径比 $L/D = 5$，螺杆螺纹深度 H 控制在螺杆直径的 10%)设计参数化螺杆。

1. 创建方程式

（1）打开前述已存盘的"螺杆"三维模型，以文件名为"参数化螺杆"另存。单击下拉菜单【工具】→方程式图标 $\sum$ 方程式(Q)…，系统出现【方程式、整体变量及尺寸】属性管理器。

（2）单击激活【方程式、整体变量及尺寸】属性管理器下的【全局变量】输入框。

（3）在激活的文本输入框中输入全局变量名称"外径"，完成后按<Tab>键将光标移至【数值/方程式】下的文本框中，输入"20"并按<Tab>键，完成方程 1 的创建。

（4）参照方程式 1 的创建方法创建方程式 2"长度"=100 和方程式 3"螺纹深度"=2，结果如图 6-13 所示。单击【确定】按钮 确定 关闭对话框。

2. 创建螺杆长度参数化驱动方程

（1）选择 FeatureManager 设计树中的【注解】图标，单击右键出现快捷菜单，选择【显示注解】和【显示特征尺寸】选项，如图 6-14 所示。

（2）单击下拉菜单栏【视图】→控制尺寸名称显示图标 尺寸名称，显示模型特征尺寸及名称。为使尺寸显示更清晰，用鼠标拖动 FeatuerManager 设计树最底部的退回控制棒，退回到 切除-扫描1 之前，观察螺杆的特征尺寸，如图 6-15 所示。图中尺寸"100(D1)"是螺杆长度，"100(D3)"是螺旋线高度。

图 6-13　创建方程式

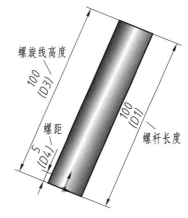

图 6-14　选择【显示注解】和【显示特征尺寸】选项　　　　图 6-15　螺杆特征尺寸

（3）在图形区中双击要参数化驱动的螺杆长度尺寸"100（D1）"，系统出现【修改】对话框，在对话框的尺寸文本框中输入"="，在系统弹出的下拉列表中选择【全局变量】→【外径（20）】，如图 6-16a 所示。因设计要求螺杆的长径比是 5，故应将文本框内表达式改为"=5*"外径""，如图 6-16b 所示。

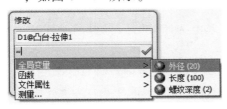

（a）选择"外径"　　　　　　　　　　　（b）输入表达式

图 6-16　建立螺杆长度参数化驱动方程

用同样的方法建立螺旋线高度驱动方程"=5*"外径""。

3. 创建螺纹深度参数化驱动方程

（1）用鼠标拖动 FeatuerManager 设计树最底部的退回控制棒，退回到 切除-扫描1 之后，单击"切除-扫描 1"前的"+",展开节点。

（2）单击选择扫描切除轮廓"草图 3",在弹出的快捷菜单中单击选择编辑草图按钮 ,修改螺纹深度尺寸"2(D2)",建立螺纹深度尺寸方程式"=0.1 * "外径"",如图 6-17 所示。单击图形区右上角的按钮 ,退出草绘模式。

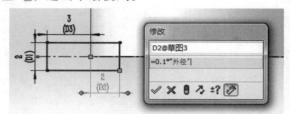

图 6-17　建立螺纹深度参数化驱动方程

4. 参数化驱动建模

单击选择螺杆外径"草图 1",在弹出的快捷菜单中单击选择编辑草图按钮,进入草图环境。双击修改直径尺寸"φ20(D1)",建立外径尺寸方程式"="外径"",单击【确定】按钮。然后将"草图 1"中圆的直径改为"φ40 mm",单击重建模按钮,实现螺杆按外径尺寸参数化驱动的设计意图,如图 6-18 所示。

(a)外径φ40mm的螺杆　　　　　(b)外径φ20mm的螺杆

图 6-18　参数化驱动的螺杆

现场经验

➤ 实体的选择技巧。单击右键,在快捷菜单上选择【选择其他】,就可以在光标所在位置上做穿越实体的循环选择操作。

➤ 对话框打开时,可以使用视图工具栏上的图标工具来调整模型的视角方位。

➤ 绘制草图时按住<Ctrl>键,系统将不显示推理指针和推理线,因此不会自动产生几何约束关系。

练习题

1. 请按照上面的顺序自己试做一遍,体会作图顺序,回味作图过程。

2. 完成如图 6-19 所示的弹簧，螺距为 15 mm，高度为 75 mm，簧丝直径为 6 mm，中径为 44 mm，右旋。

图 6-19 弹簧

3. 完成如图 6-20 所示的杯子的三维数字化设计。

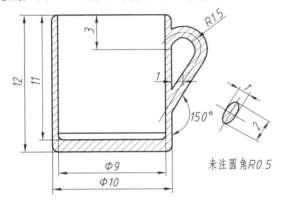

图 6-20 杯子

4. 完成如图 6-21 所示瓶子的三维数字化设计。

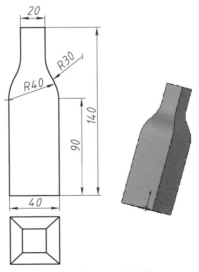

图 6-21 瓶子

5. 完成如图 6-22 所示螺钉的三维数字化设计。

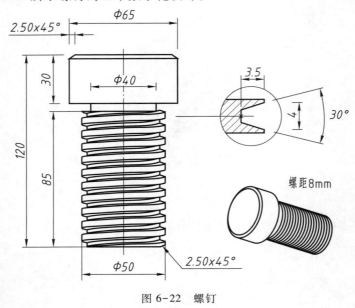

图 6-22　螺钉

项目七

支架的数字化设计

技能目标

☐ 掌握基准面的创建、镜向特征、放样凸台/基体的操作方法

☐ 形成设计意图，具有使用各种特征进行参数化设计的能力

知识目标

☐ 参考几何体

☐ 特征镜向

 任务引入

支架如图 7-1 所示，本任务要求完成该零件的三维数字化设计。

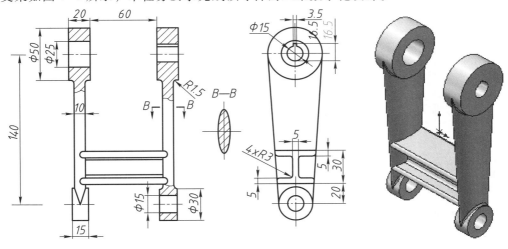

图 7-1　支架

任务分析

如图 7-1 所示，支架零件基本左右对称，因此首先是由截面为圆拉伸创建出支架一侧上、下圆柱，其后，通过放样特征创建圆柱间的连接板，接着拉伸创建半个工字形连接板，再拉伸切除生成下面圆柱体上的孔并在转角处倒圆；最后，对创建的实体进行镜向，生成另一侧实体，并拉伸切除生成上面圆柱体上的两个孔，从而完成支架的三维数字化设计。

相关知识

一、基准面

基准面是建模的辅助平面，可用于绘制草图，生成模型的剖面视图，也可作为尺寸标注的参考以及拔模特征中的中性面等。

当进入草图绘制界面时，首先出现系统默认的前视、上视和右视三个基准面，如图 7-2 所示。

一般情况下，用户可以在这三个基准面上绘制草图，然后生成各种特征。但是，有一些特殊的特征却需要在更多不同基准面上创建草图，这就需要创建基准面。

其命令执行有两种方式：

➢ 单击【参考几何体】工具栏中的【基准面】按钮 ◈。

➢ 单击菜单栏【插入】→【参考几何体】→【基准面】。

如图 7-3 所示是【基准面】属性管理器。

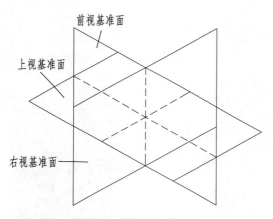

图 7-2　系统默认基准面

图 7-3　【基准面】属性管理器

选择第一参考来定义基准面时，根据用户的选择，系统会显示其他约束类型：

➢ 重合 ◣：生成一个穿过选定参考的基准面。

➢ 平行 ◥：生成一个与选定基准面平行的基准面。例如，为一个参考选择一个面，为另一个参考选择一个点。软件会生成一个与这个面平行并与这个点重合的基准面。

➢ 垂直 ⊥：生成一个与选定参考垂直的基准面。例如，为一个参考选择一条边线或曲线，为另一个参考选择一个点或顶点。软件会生成一个与穿过这个点的曲线垂直的基准面。将原点设在曲线上会将基准面的原点放在曲线上。如果清除此选项，原点就会位于顶点或点上。

➢ 投影 ⤵：将单个对象（比如点、顶点、原点或坐标系）投射到空间曲面上。

➢ 相切 ⦜：生成一个与圆柱面、圆锥面、非圆柱面以及空间面相切的基准面。

➢ 两面夹角 ◰：生成一个基准面，它通过一条边线、轴线或草图线，并与一个圆柱面或基准面成一定角度。可以指定要生成的基准面数。

➤ 偏移距离 ：生成一个与某个基准面或面平行，并偏移指定距离的基准面。可以指定要生成的基准面数。

➤ 两侧对称 ：在平面、参考基准面以及 3D 草图基准面之间生成一个两侧对称的基准面。对两个参考都选择两侧对称。

选择第二参考和第三参考来定义基准面时，这两个部分中包含与第一参考中相同的选项，具体情况取决于用户的选择和模型几何体。根据需要设置这两个参考来生成所需的基准面。信息框会报告基准面的状态。基准面状态必须是完全定义，才能生成基准面。

二、放样凸台/基体特征

放样通过在草图截面之间进行过渡生成特征。放样草图可以为两个或多个封闭的截面，第一个和最后一个截面可以是点。

其命令执行有两种方式：

➤ 单击【特征】工具栏中的【放样凸台/基体】按钮 。

➤ 单击菜单栏【插入】→【凸台/基体】→【放样】。

放样凸台/基体的方法主要有三种：简单放样、带引导线放样和带中心线放样。

1. 简单放样特征

简单放样是由两个或两个以上的截面形成的特征，系统自动生成中间截面。

在【前视基准面】上绘制一个五角星草图，单击【基准面】按钮 ，出现【基准面】属性管理器，在【第一参考】选项选择【前视基准面】，【第一参考】展开，选取 选项，在 选项里输入距离，即可完成基准面 1 的创建。选取基准面 1，在该基准面上打开一张草图，绘制一个点。完成的两个草图如图 7-4a 所示。

单击【特征】工具栏中的【放样凸台/基体】按钮 ，出现【放样】属性管理器，在【轮廓】下选取两个草图，特征预览如图 7-4b 所示，单击【确定】按钮 ，完成放样特征，如图 7-4c 所示。

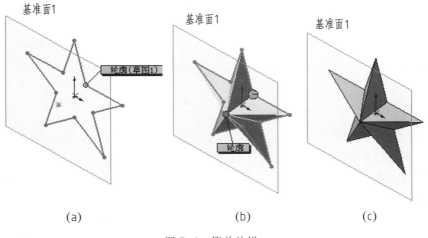

(a)   (b)   (c)

图 7-4 简单放样

2. 带引导线的放样特征

如果采用简单放样生成的实体不符合要求，可通过一条或多条引导线来控制中间截面生成放样特征。使用引导线方式创建放样特征时，引导线必须与所有轮廓相交。不带引导线放样与带引导线放样的区别如图 7-5 所示。

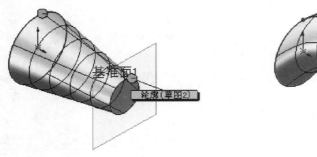

(a) 不带引导线的放样特征　　　　　　(b) 带引导线的放样特征

图 7-5　不带引导线和带引导线放样的区别

3. 带中心线的放样特征

可以生成一个使用一条变化的引导线作为中心线的放样。所有中间截面的草图基准面都与此中心线垂直。不带中心线放样与带中心线放样的区别如图 7-6 所示。

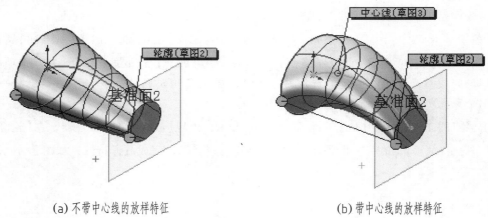

(a) 不带中心线的放样特征　　　　　　(b) 带中心线的放样特征

图 7-6　不带中心线和带中心线的区别

三、特征镜向

特征镜向是指沿面或基准面镜向，复制一个或多个源特征。如果修改源特征，则镜向的特征也将更新。特征镜向适用于生成对称的零部件。

其命令执行有两种方式：

➤ 单击【特征】工具栏中的【镜向】按钮 ⬓ 。

➤ 单击菜单栏【插入】→【陈列/镜向】→【镜向】。

执行命令后，出现【镜向】属性管理器，镜向面选择【右视基准面】，镜向特征选取两个凸台，设置如图 7-7a 所示，镜向预览如图 7-7b 所示，单击【确定】按钮 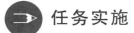，完成特征镜向，如图 7-7c 所示。

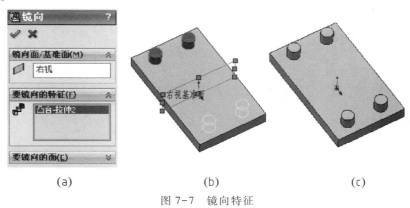

（a）　　　　　　　　　（b）　　　　　　　　　（c）

图 7-7　镜向特征

任务实施

步骤一　生成拉伸基体

1. 建立新文件。单击【新建】按钮 □，在出现的【新建 SolidWorks 文件】属性管理器中单击【零件】图标，单击【确定】按钮，进入零件工作环境。在 FeatureManager 设计树中选择【右视基准面】，单击【右视】按钮 田，将视图转正，单击【草图】工具栏中的【草图绘制】按钮 ℃，在【右视基准面】上打开一张草图。

2. 绘制拉伸轮廓草图。单击【草图】工具栏中的相应草图绘制命令，首先绘制草图大致轮廓，然后使用智能尺寸命令标注尺寸，并使草图为完全定义，完成如图 7-8 所示的草图 1 的绘制。

3. 完成拉伸轮廓草图。单击图形区右上角的按钮 ℃，退出草绘模式。此时在 FeatureManager 设计树中显示已完成的"草图 1"的名称，如图 7-9 所示。

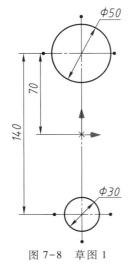

图 7-8　草图 1

图 7-9　FeatureManager 设计树

4. 创建上部圆柱。在 FeatureManager 设计树中的"草图 1"被选中时，单击【特征】工具栏中的【拉伸凸台】按钮 ，出现【凸台-拉伸】属性管理器，设置如图 7-10 所示，轮廓<1>为直径 30 mm 的圆；设置完毕后，单击【确定】按钮 ✅，生成拉伸实体特征，如图 7-11 所示。

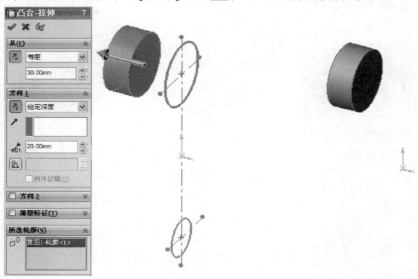

图 7-10　【凸台-拉伸】属性管理器及预览　　　　图 7-11　生成的拉伸特征

5. 创建下部圆柱。再次选中 FeatureManager 设计树中的"草图 1"，单击【特征】工具栏中的【拉伸凸台】按钮 🔲，出现【凸台-拉伸】属性管理器，设置如图 7-12 所示，轮廓<1>为直径 30 mm 的圆；设置完毕后，单击【确定】按钮 ✅，生成拉伸实体特征，如图 7-13 所示。

图 7-12　属性管理器设置及预览　　　　　图 7-13　生成的拉伸特征

步骤二　绘制引导线草图

1. 创建引导线基准面。单击【参考几何体】工具栏中的【基准面】按钮，出现【基准面】属性管理器，设置如图 7-14 所示，设置完毕后，单击【确定】按钮，创建基准面 1，如图 7-15 所示。

图 7-14　【基准面】属性管理器设置

图 7-15　创建的基准面 1

2. 绘制第一条引导线。单击选取【基准面 1】作为草绘平面，并单击【视图】工具栏中的【正视于】按钮，将视图转正。单击【草绘】工具栏中的【草图绘制】按钮，系统进入草图绘制状态，绘制如图 7-16a 所示的草图 2。单击图形区右上角的按钮，退出草图绘制模式。

3. 绘制第二条引导线。再次单击选取【基准面 1】作为草图绘制平面，绘制如图 7-16b 所示的草图 3。单击图形区右上角的按钮，退出草图绘制模式。

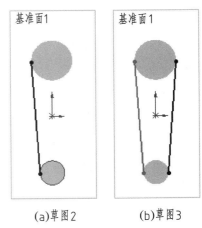

(a)草图 2　　　(b)草图 3

图 7-16　引导线草图

步骤三　创建基准面

1. 创建基准面 2。单击【参考几何体】工具栏中的【基准面】按钮 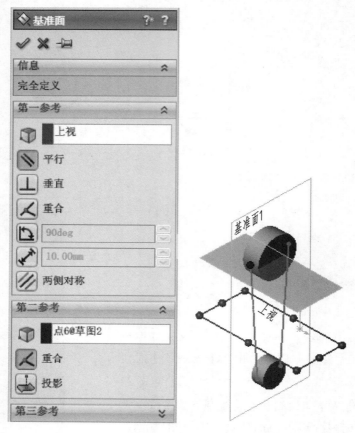，出现【基准面】属性管理器，设置如图 7-17 所示；设置完毕后，单击【确定】按钮，创建基准面 2，如图 7-18 所示。

2. 创建基准面 3。单击【参考几何体】工具栏中的【基准面】按钮，与基准面 2 的创建方法相似，创建与上视图平行，通过切点的基准面 3，如图 7-19 所示。

图 7-17　【基准面】属性管理器及预览

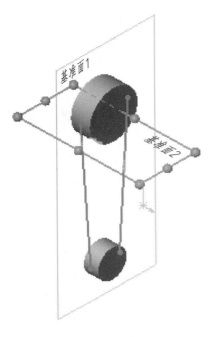

图 7-18 基准面 2

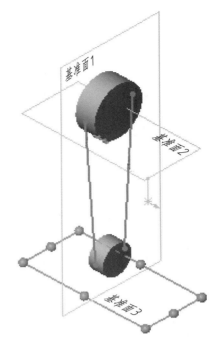

图 7-19 基准面 3

步骤四　创建放样特征

1. 选取【基准面 2】绘制草图。单击选取【基准面 2】作为草图绘平面，并单击【视图】工具栏中的【正视于】按钮 ，将视图转正。单击【草绘】工具栏中的【草图绘制】按钮 ，系统进入草图绘制状态。

2. 绘制第一个放样草图轮廓。为绘图方便，单击【视图】工具栏中的【线架图】按钮 ，绘制如图 7-20 所示的草图 4 作为第一个放样草图轮廓。单击图形区右上角的按钮 ，退出草图绘制模式，此时在 FeatureManager 设计树中显示已完成的"草图 4"的名称。

3. 选取【基准面 3】绘制草图。单击选取【基准面 3】作为草图绘平面，并单击【视图】工具栏中的【下视】按钮 ，将视图转正。单击【草绘】工具栏中的【草图绘制】按钮 ，系统进入草图绘制状态。

4. 绘制第二个放样草图轮廓。单击【视图】工具栏中的【线架图】按钮 ，绘制如图 7-21 所示的草图 5 作为第二个放样草图轮廓。单击图形区右上角的 按钮，退出草图绘制模式，此时在 FeatureManager 设计树中显示已完成的"草图 5"的名称。

5. 完成放样特征创建。单击【特征】工具栏中的【放样】按钮 ，出现【放样】属性管理器，设置如图 7-22 所示；设置完毕后，单击【确定】按钮 ，完成放样特征的创建，如图 7-23 所示。

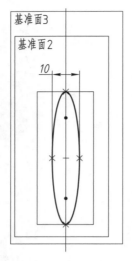

图 7-20　草图 4

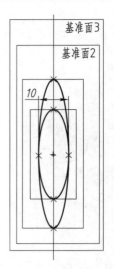

图 7-21　草图 5

图 7-22　【放样】属性管理器及预览

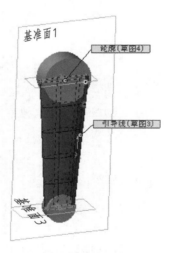

图 7-23　完成放样

步骤五　创建拉伸特征

1. 选择草图基准面。在 FeatureManager 设计树中选择【右视基准面】，单击【右视】按钮 ，将视图转正，单击【草图】工具栏中的【草图绘制】按钮 ，在【右视基准面】上打开一张草图。

2. 绘制拉伸轮廓草图。绘制如图 7-24 所示的草图 6 作为拉伸草图，退出草图模式，此时在 FeatureManager 设计树中显示已完成的"草图 6"的名称。

3. 完成拉伸特征。选中 FeatureManager 设计树中的"草图 6"，单击【特征】工具栏中的

【拉伸凸台】按钮 ，出现【凸台-拉伸】属性管理器，设置如图 7-25 所示；设置完毕后，单击【确定】按钮 ，完成拉伸特征，如图 7-26 所示。

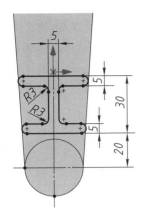

图 7-24 草图 6   图 7-25 【凸台-拉伸】属性管理器设置及预览   图 7-26 完成拉伸特征

步骤六 创建拉伸切除特征

1. 确定草图绘制平面。单击选取如图 7-27 所示零件的表面作为草绘平面，并单击【视图】工具栏中的【正视于】按钮 ，将视图转正。单击【草绘】工具栏中的【草图绘制】按钮 ，系统进入草图绘制状态。

2. 绘制拉伸切除草图。绘制如图 7-28 所示的草图。单击图形区右上角的 按钮，退出草绘模式，此时在 FeatureManager 设计树中显示已完成的 "草图 7" 的名称。

3. 完成拉伸切除特征。在 FeatureManager 设计树中的 "草图 7" 被选中时，单击【特征】工具栏中的【拉伸切除】按钮 ，出现【切除-拉伸】属性管理器，在【终止条件】选项中选择【完全贯穿】选项；设置完毕后，单击【确定】按钮 ，生成拉伸切除特征，如图 7-29 所示。

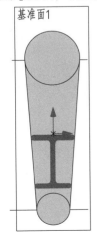

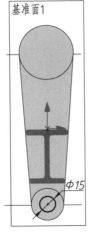

图 7-27 视图定向   图 7-28 草图 7   图 7-29 生成的拉伸切除特征

步骤七　创建圆角特征

1. 选取相交线。单击【特征】工具栏中的【圆角】按钮，出现【圆角】属性管理器，然后单击选取上下圆柱与连接板之间的四条相交线，圆角半径为 1.5 mm，设置如图 7-30 所示。

2. 完成圆角特征。设置完成后，单击【确定】按钮，完成圆角特征的创建，生成的圆角特征如图 7-31 所示。

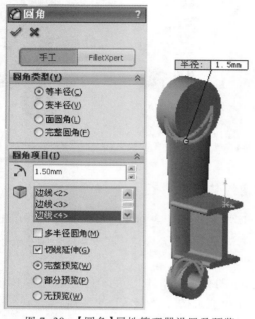

图 7-30　【圆角】属性管理器设置及预览

图 7-31　生成圆角特征

步骤八　创建镜向实体

1. 单击【特征】工具栏中的【镜向】按钮，出现【镜向】属性管理器，激活【镜向面】列表框，在 FeatureManager 设计树中选择"右视"；激活【要镜向的实体】列表框，在图形区中选择"圆角 1"，设置如图 7-32 所示。

图 7-32　【镜向】属性管理器

图 7-33　生成的镜向特征

2. 完成镜向实体。【镜向】属性管理器设置完成后，单击【确定】按钮 ✔️，完成实体镜向特征的创建，如图 7-33 所示。

1. 选取草图绘制平面。单击选取如图 7-34 所示零件的表面作为草绘平面，并单击【视图】工具栏中的【左视】按钮 🔲，将视图转正。单击【草图】工具栏中的【草图绘制】按钮 ✐，系统进入草图绘制状态。

2. 绘制草图轮廓。在所选平面绘制一个 $\phi25$ mm，圆心和圆柱同心的草图，如图 7-35 所示。单击图形区右上角的 🔲 按钮，退出草绘制模式，此时在 FeatureManager 设计树中显示已完成的"草图 8"的名称。

3. 创建拉伸切除特征。选中 FeatureManager 设计树中的"草图 8"，单击【特征】工具栏中的【拉伸切除】按钮 🔳，出现【切除-拉伸】属性管理器，在【终止条件】选项中选择【成形到下一面】选项；设置完毕后，单击【确定】按钮 ✔️，生成拉伸切除特征，如图 7-36 所示。

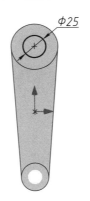

图 7-34　草绘平面　　　　　　图 7-35　草图 8　　　　　　图 7-36　生成的拉伸切除特征

4. 确定草图绘制平面。单击选取如图 7-37 所示零件的表面作为草绘平面，并单击【视图】工具栏中的【正视于】按钮 ⚓，将视图转正。单击【草绘】工具栏中的【草图绘制】按钮 ✐，系统进入草图绘制状态。

5. 绘制草图轮廓。绘制右圆柱拉伸切除草图轮廓，如图 7-38 所示。单击图形区右上角的 🔲 按钮，退出草图绘制模式，此时在 FeatureManager 设计树中显示已完成的"草图 9"的名称。

6. 创建拉伸切除特征。选中 FeatureManager 设计树中的"草图 9"，单击【特征】工具栏中的【拉伸切除】按钮 🔳，出现【切除-拉伸】属性管理器，在【终止条件】选项中选择【成形到下一面】选项；设置完毕后，单击【确定】按钮 ✔️，生成拉伸切除特征，如图 7-39 所示。

7. 将零件存盘并退出零件设计模式，零件模型命名为"支架"。

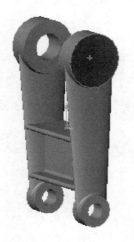

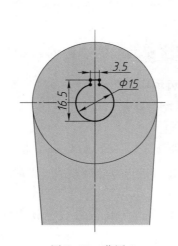

图 7-37　草图绘制平面　　　　　　图 7-38　草图 9　　　　　　　图 7-39　支架

 任务拓展

自定义快捷键和快捷栏。熟练使用快捷键是提高工作效率的有效途径。本任务拓展要求定义自己的快捷键和快捷栏。

1. 自定义快捷键。单击菜单栏【工具】→【自定义】图标 自定义(Z)... ，在【自定义】属性管理器中，单击【键盘】标签 键盘 ，在【命令】列表中找到需要设定快捷键的命令，在【快捷键】列表栏输入相应的键，单击【确定】按钮 确定 ，完成快捷键的自定义。

2. 自定义快捷栏。在图形区域中不选择任何对象，按下<S>键，调出【快捷栏】，右键单击屏幕上显示的默认快捷栏，然后选择自定义，如图 7-40 所示。

图 7-40　自定义快捷栏

在出现的【自定义】属性管理器中，单击【命令】标签 命令 ，在【类别】列表框中单击选择需要添加的命令类别，在右侧【按钮】列表框中，找到相应命令的图标拖放到快捷栏中，完成快捷栏中命令的自定义。

 现场经验

SolidWorks 系统默认的常用快捷键如下：

➤ 旋转模型用四个方向键，平移模型用<Ctrl>+方向键；

➤ 整屏幕显示用<F>键，缩小用<Z>键，放大模型用<Shift+Z>键，调出放大镜用<G>键；

➤ 返回上一视图用<Ctrl+Shift+Z>键，调出视图定向菜单用空格键。

练习题

1. 请按照上面的顺序自己试做一遍，体会作图顺序，回味作图过程。
2. 完成如图 7-41 所示箱体零件的数字化设计。

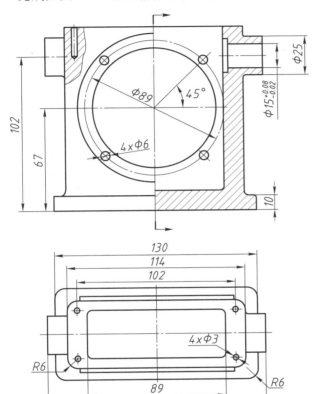

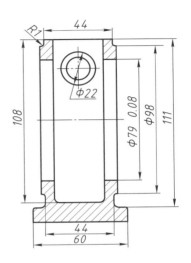

技术要求
1. 未注圆角 R2~R3。
2. 表面涂防锈漆。

图 7-41　箱体

3. 完成图 7-42 所示支座零件的三维数字化设计。

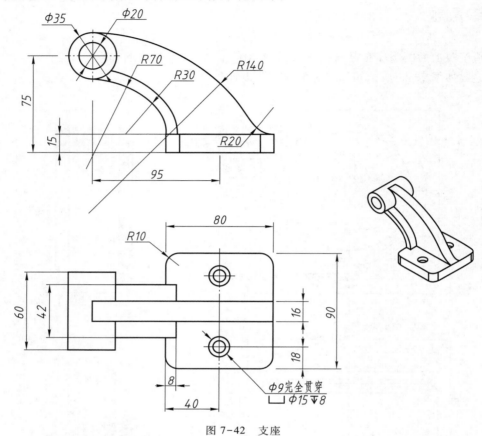

图 7-42　支座

4. 参照如图 7-43 所示构建机械手关节的三维模型，注意其中的对称、相切、同心、阵列等几何关系，输入答案时请精确到小数点后两位，部分尺寸见表 7-1（注意采用正常数字表达方法，而不要采用科学计数法）。

请问零件模型体积为多少？

表 7-1　机械手关节尺寸　　　　单位：mm

位置	A	B	C	D
尺寸	72	32	30	27

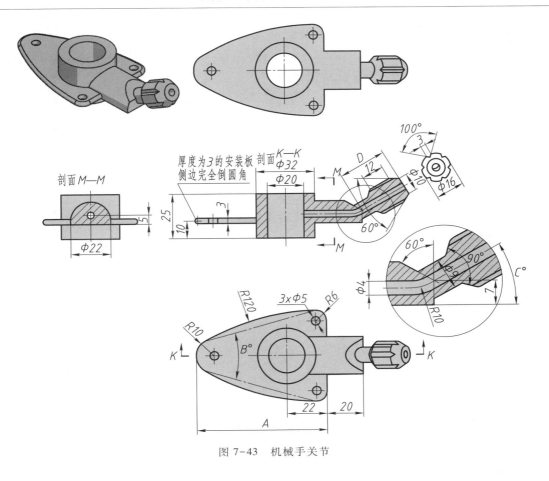

图 7-43　机械手关节

项目八

铣刀头座体的数字化设计

技能目标

□ 具有使用多实体造型技术设计复杂零件的能力

□ 熟练掌握使用各种特征进行参数化设计的技能

知识目标

□ 多实体造型

□ 组合实体

 任务引入

铣刀头座体如图 8-1 所示。本任务要求完成铣刀头座体的三维数字化设计，为后续铣刀头虚拟装配做好准备。

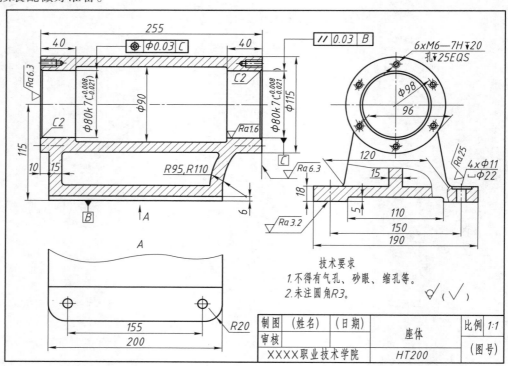

图 8-1 铣刀头座体

任务分析

如图 8-1 所示，铣刀头座体可以使用多实体造型技术，通过实体间的布尔运算获得所需的外形结构。

相关知识

一、多实体造型

零件文件可包含多个实体。当一个单独的零件文件中包含多个连续实体时就形成多实体。大多情况下，多实体建模技术用于设计包含具有一定距离的特征的零件。在这种情况下，可以单独对零件的每一个分离的特征进行建模，分别形成实体，最后通过合并或连接形成单一的零件。

SolidWorks 可采用下列命令从单一特征生成多实体：

➤ 拉伸凸台和切除（包括薄壁特征）

➤ 旋转凸台和切除（包括薄壁特征）

➤ 扫描凸台和切除（包括薄壁特征）

➤ 曲面切除

➤ 凸台和切除加厚

➤ 型腔

建立多实体最直接的方法是在建立某些凸台或切除特征时，在 PropertyManager 不选中【合并结果】复选框，但该选项对于零件的第一个特征无效，如图 8-2 所示。

生成多实体后，可在 FeatureManager 设计树中显示，如图 8-3 所示。

图 8-2　【凸台-拉伸】属性管理器

图 8-3　多实体零件

二、组合实体

SolidWorks 可将多个实体结合来生成一单一实体零件或另一个多实体零件。有三种方法可组合多个实体：

➢ 添加。将所有所选实体相结合以生成一单一实体。

➢ 共同。移除除了重叠以外的所有材料。

➢ 删减。将重叠的材料从所选主实体中移除。

其命令执行有两种方式：

➢ 单击【特征工具】栏上中的【组合】按钮 。

➢ 单击【插入】→【特征】→【组合】。

执行命令后，出现【组合】属性管理器。

1. 使用添加或共同操作类型

在【操作类型】下，选择【添加】或【共同】选项，激活【要组合的实体】列表框，在图形区中选择实体，或从 FeatureManager 设计树的【实体】文件夹 中选择实体，单击【显示预览】按钮以预览特征，单击【确定】按钮 。

如图 8-4a 所示为"添加"，将所选实体相结合以生成单一实体。

如图 8-4b 所示为"共同"，移除除了重叠以外的所有材料。

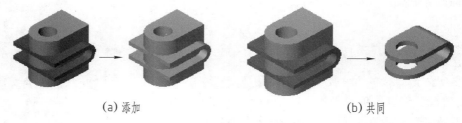

（a）添加　　　　　　　　　　　　　　（b）共同

图 8-4　使用添加或共同操作类型

2. 使用删减操作类型

单击【特征】工具栏上的【组合】 按钮，出现【组合】属性管理器。在【操作类型】下，选择【删减】选项。激活【主要实体】列表框，在图形区中选择要保留的实体，或从 FeatureManager 设计树的【实体】文件夹 中选择实体。激活【减除的实体】列表框，选择要为实体 移除其材料的实体，单击【显示预览】按钮以预览特征，单击【确定】按钮 。如图 8-5 所示为"删减"，将重叠的材料从所选主实体中移除。

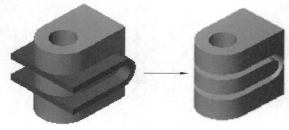

图 8-5　删减

任务实施

步骤一　创建上部的圆柱体

1. 单击【新建】按钮 ▯，在出现的【新建 SolidWorks 文件】对话框中单击【零件】图标，单击【确定】按钮，进入【零件】工作环境。

2. 在 FeatureManager 设计树中选择【前视基准面】，单击【前视】按钮 ▱，将视图转正，单击【草图】工具栏中的【草图绘制】按钮 ▱，在【前视基准面】上打开一张草图。

3. 绘制如图 8-6 所示的草图 1。

4. 单击图形区右上角的按钮 ▱，退出草绘模式。单击【特征】工具栏中的【旋转凸台】按钮 ▱，出现【旋转】属性管理器，设置如图 8-7 所示。单击【确定】按钮 ✔，生成上部圆柱体旋转实体特征，如图 8-8 所示。

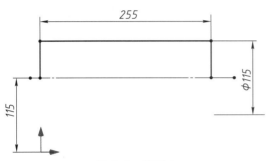

图 8-6　草图 1

图 8-7　【旋转】属性管理器

图 8-8　上部圆柱体

步骤二　创建左侧肋板

1. 单击【参考几何体】工具栏中的【基准面】按钮，出现【基准面】属性管理器，设置如图 8-9 所示；设置完毕后，单击【确定】按钮 ✔，生成如图 8-10 所示的基准面 1。

2. 选取【基准面 1】作为草图绘制平面，将视图转正，单击【草图】工具栏中的【草图绘制】按钮 ▱，绘制如图 8-11 所示草图 2。

3. 退出草绘模式，选取草图 2，单击【特征】工具栏中的【拉伸凸台】按钮 ▱，出现【拉伸】属性管理器，设置如图 8-12 所示，设置完毕后，单击【确定】按钮 ✔，生成座体左侧肋板，如图 8-13 所示。

图 8-9　【基准面】属性管理器

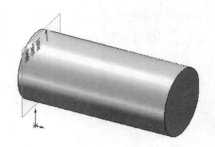

图 8-10　基准面 1

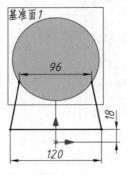

图 8-11　草图 2

图 8-12　【拉伸】属性管理器

图 8-13　左侧肋板

步骤三　使用组合命令创建座体右侧肋板

1. 创建组合体 1。选择【前视基准面】作为草图绘制平面,进入草图环境,绘制如图 8-14

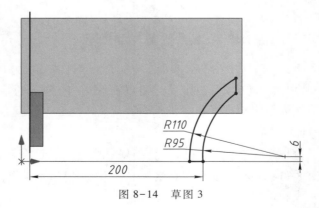

图 8-14　草图 3

所示的草图 3，退出草绘模式。选取草图 3，单击【特征】工具栏中的【拉伸凸台】按钮，出现【凸台-拉伸】属性管理器，设置如图 8-15 所示，取消【合并结果】复选框。单击【确定】按钮，生成组合体 1，如图 8-16 所示。

图 8-15　【凸台-拉伸】属性管理器　　　　图 8-16　组合体 1

　　2. 创建组合体 2。选择圆柱体的前端面作为草绘平面，进入草图绘制环境，单击【视图】工具栏中的【正视于】按钮，将视图转正。在 FeatureManager 设计树中右键单击草图 2，在快捷菜单中选择【显示零部件】命令，使草图 2 处于显示状态，选择草图 2 的边线，单击【转换实体引用】按钮，得到如图 8-17 所示的草图 4。退出草绘模式。选取草图 4，单击【特征】工具栏中的【拉伸凸台】按钮，出现【凸台-拉伸】属性管理器，设置如图 8-18 所示，取消【合并结果】复选框。单击【确定】按钮，生成组合体 2，如图 8-19 所示。

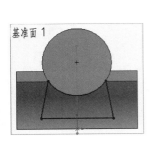

图 8-17　草图 4　　　　图 8-18　【凸台-拉伸】属性管理器　　　　图 8-19　生成组合体 2

3. 组合创建右侧肋板。单击【特征】工具栏中的【组合】按钮 ，出现【组合】属性管理器，在【操作类型】选项组中，单击选择【共同】选项 ◉ 共同(C)，激活【要组合的实体】列表框，选择"凸台-拉伸 2"和"凸台-拉伸 3"，如图 8-20 所示。单击【确定】按钮 ✔，完成右侧弧形肋板的组合特征创建，如图 8-21 所示。

图 8-20　【组合】属性管理器设置　　　　　图 8-21　右侧肋板

步骤四　将右侧肋板添加到实体上

单击【特征】工具栏中的【组合】按钮 ，出现【组合】属性管理器，在【操作类型】选项组中，单击【添加】选项 ◉ 添加(A)，激活【要组合的实体】列表框，选择"凸台-拉伸 1"和"组合 1"，如图 8-22 所示。单击【确定】按钮 ✔，完成实体的组合，如图 8-23 所示。

图 8-22　【组合】属性管理器　　　　　图 8-23　组合后的实体

步骤五　创建座体的底板

1. 近似长方体底板的生成。选取【前视基准面】作为草绘平面，进入草图绘制环境，绘制如图 8-24 所示的草图 5，退出草绘模式。选取草图 5，单击【特征】工具栏中的【拉伸凸台】按钮 ，出现【凸台-拉伸】属性管理器，设置如图 8-25 所示。单击【确定】按钮 ✔，生成近似长方体的底板，如图 8-26 所示。

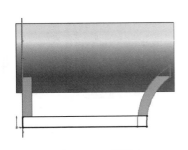

图 8-24　草图 5　　　　　图 8-25　【凸台-拉伸】属性管理器　　　图 8-26　近似长方体底板

2. 创建底板圆角。单击【特征】工具栏中的【圆角】按钮 ，出现【圆角】属性管理器，选取底板的四条侧棱，如图 8-27 所示；设置如图 8-28 所示，单击【确定】按钮 ，生成底板圆角，如图 8-29 所示。

图 8-27　圆角预览图　　　　　图 8-28　【圆角】属性管理器　　　　图 8-29　生成圆角

3. 拉伸切除生成底板凹槽。选取【右视基准面】作为草绘平面，进入草图绘制环境，绘制如图 8-30 的草图 6，退出草绘模式。选取草图 6，单击【特征】工具栏中的【拉伸切除】按钮 ，出现【切除-拉伸】属性管理器，设置如图 8-31 所示。单击【确定】按钮 ，形成底板的凹槽，如图 8-32 所示。

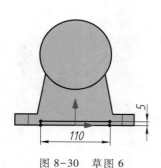

图 8-30　草图 6

图 8-31　【切除-拉伸】属性管理器

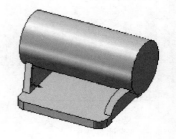

图 8-32　凹槽形成

步骤六　创建筋特征

1. 在 FeatureManager 设计树中选择【前视基准面】，单击【视图】工具栏中的【正视于】按钮 ，将视图转正。单击【草图】工具栏中的【草图绘制】按钮 ，在【前视基准面】上打开一张草图。

2. 绘制如图 8-33 所示的草图 7。

3. 单击图形区右上角的按钮 ，退出草绘模式。此时在 FeatureManager 设计树中显示已完成的"草图 7"的名称。

4. 在 FeatureManager 设计树中的"草图 7"被选中时，单击选取【特征】工具栏中的【筋】按钮 ，设置如图 8-34 所示；设置完毕后，单击【确定】按钮 ，生成筋特征，如图 8-35 所示。

图 8-33　草图 7

图 8-34　【筋】属性管理器

图 8-35　生成筋特征

步骤七　圆柱体中间圆孔的生成

1. 选取座体圆柱右端面为草图绘制平面，画 $\phi 80$ mm，与圆柱同心的草图，单击【特征】工具栏中的【拉伸切除】█ 按钮，完成机座体两端深度为 40 mm 的孔的拉伸切除。

2. 再次选取座体圆柱右端表面为草图绘制平面，绘制 φ90 mm，与圆柱同心的草图，如图 8-36 所示。

3. 单击【特征】工具栏中的【拉伸切除】█ 按钮，出现【切除-拉伸】属性管理器，在【开始条件】下拉列表框中选择【等距】选项，单击【反向】按钮 █；在【终止条件】下拉列表中选择【成形到下一面】选项；激活【所选轮廓】列表框，在图形区选择圆柱右端孔底面为"面<1>"，在【所选轮廓】中出现"面<1>"，如图 8-37 所示。设置完毕，单击【确定】按钮 █，完成圆柱孔的创建。

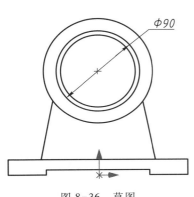

图 8-36　草图　　　　　　　　　　　　　　图 8-37　【切除-拉伸】属性管理器

4. 单击【特征】工具栏中的【倒角】按钮 █，出现【倒角】属性管理器，选中【角度距离】单选按钮，激活【边线、面或顶点】列表框，在图形区选择实体的多条边线，如图 8-38 所示，在【距离】文本框中输入"2.0 mm"，在【角度】文本框中输入"45.00deg"，如图 8-39 所示，单击【确定】按钮 █，生成倒角，如图 8-40 所示。

图 8-38　边线选取　　　　　　图 8-39　【倒角】属性管理器　　　　　　图 8-40　生成倒角

步骤八　创建螺纹孔

1. 选择圆柱面右端面，单击【特征】工具栏中的【异形孔向导】按钮 📷 ，出现【孔规格】属性管理器，单击【类型】选项卡，设置如图 8-41 所示。

2. 完成异形孔的参数设置后，转换至【位置】选项卡，在座体左侧加工面上单击鼠标左键，如图 8-42 所示确定孔放置的位置。单击【确定】按钮 ✅ ，完成 M6 单个螺纹的创建，如图8-43 所示。

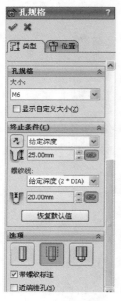

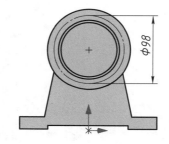

图 8-41　【孔规格】对话框　　　　图 8-42　异形孔定位　　　　图 8-43　生成螺纹

3. 调用临时轴。单击【视图】→【临时轴】，临时轴以蓝色显示。

4. 单击【特征】工具栏中的【圆周阵列】按钮 ✚ ，出现【圆周阵列】属性管理器。激活【阵列轴】选择框，在图形区中单击选取圆柱体中出现的临时轴；在【实例数】文本框输入"6"，选中【等间距】复选框；激活【要阵列的特征】列表框，在 FeatureManager 设计树中选择 "M6 螺纹孔"，如图 8-44 所示，单击【确定】按钮 ✅ ，完成圆柱体前端面 M6 螺纹的创建，关闭临时轴，如图 8-45 所示。

5. 选取座体圆柱右端表面，单击【参考几何体】工具栏中的【基准面】按钮 ◇ ，如图 8-46 所示设置属性管理器选项，设置完毕后，单击该属性管理器中的确定按钮 ✅ ，创建基准面 2。

6. 单击【特征】工具栏中的【镜向】按钮 ⬟ ，选取 "基准面 2" 为【镜向面】；选取 "阵列（圆周）1" 为【要镜向的特征】，设置属性管理器如图 8-47 所示。设置完毕后，单击该属性管理器中的确定按钮 ✅ ，完成另一侧 M6 螺纹孔的创建。

图 8-44　【圆周阵列】属性管理器　　　　图 8-45　右端面螺纹孔圆周阵列

图 8-46　【基准面】属性管理器　　　图 8-47　【镜向】属性管理器

步骤九　底板上沉孔的创建

1. 选取底板上表面为草图绘制平面，绘制如图 8-48 所示的草图。

2. 单击【特征】工具栏中的【拉伸切除】命令，出现【切除-拉伸】属性管理器，激活【所选轮廓】列表框，选择草图中 ϕ11 mm 的小圆；在【终止条件】列表框中选择【完全贯穿】选项，如图 8-49 所示。设置完毕后，单击【确定】按钮，完成 ϕ11 mm 小圆的拉伸切除。

3. 单击【特征】工具栏中的【拉伸切除】按钮，出现【切除-拉伸】属性管理器，激活【所选轮廓】列表框，选择草图中 ϕ22 mm 的大圆；在【终止条件】下拉列表框中选择【给定深度】选项，【深度】为 2 mm，如图 8-50 所示。设置完毕后，单击【确定】按钮，完成 ϕ22 mm 大圆的拉伸切除，如图 8-51 所示。

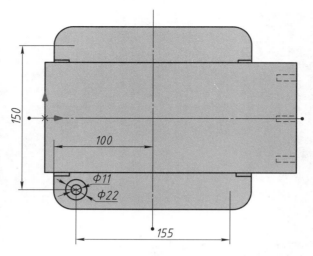

图 8-48　草图

图 8-49　【切除-拉伸】属性管理器

图 8-50　【切除-拉伸】属性管理器

　　4. 单击【特征】工具栏中的【线性阵列】按钮，出现【线性阵列】属性管理器，激活【要阵列的特征】列表框，选择"切除-拉伸 5""切除-拉伸 6"，设置如图 8-52 所示。设置完毕后，单击【确定】按钮，完成底板上沉头孔的创建，如图 8-53 所示。

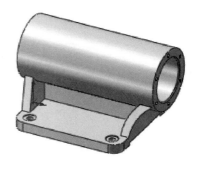

图 8-51　生成单个沉头孔　　　图 8-52　【线性阵列】属性管理器　　　图 8-53　底板沉头孔的创建

步 骤 十　创 建 圆 角

单击【特征】工具栏中的【圆角】按钮 🔘，出现【圆角】属性管理器，如图 8-54 所示选取边线，完成 *R*3 圆角特征的创建，从而完成座体零件的三维数字化设计，如图 8-55 所示。存盘备用。

最后，完成铣刀头其他零件的三维数字化设计，并将文件保存在适当位置，供铣刀头后续装配时调用。

图 8-54　圆角边线选取　　　　　　图 8-55　铣刀头座体

铣刀头座体
视频教学

任务拓展

SolidWorks 支持多种特征拖动操作：重新排序、移动及复制。本任务拓展要求学会使用特征拖动完成特征的重新排序、移动和复制。

1. 重新安排特征的顺序

在 FeatureManager 设计树中拖放特征到新的位置，可以改变特征重建的顺序。（当拖动时，所经过的项目会高亮显示,当释放指针时,所移动的特征名称直接丢放在当前高亮显示项之下。)

范例:有如图 8-56a 所示的特征树,建模顺序为拉伸凸台、拉伸切除、抽壳,形成的零件形状如图 8-56b 所示。

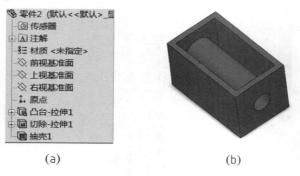

(a)　　　　　　　　　　　　　　(b)

图 8-56　特征的重新排序

单击特征树上的抽壳 1,按住鼠标左键,此时出现一个指针 ⤶,拖动抽壳 1 放置在拉伸切除之前,特征顺序如图 8-57a 所示,形成的零件如图 8-57b 所示。

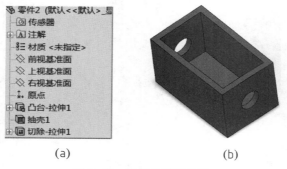

(a)　　　　　　　　　　　　　　(b)

图 8-57　特征的重新排序

2. 移动及复制特征

可以通过在模型中拖动特征及从一模型拖动到另一模型来移动或复制特征。

如图 8-58a 所示的零件,由拉伸凸台和拉伸切除圆孔形成,单击 Instant3D 按钮 🖽,鼠标左键单击圆孔特征,同时按住键盘上的<Shift>键,用鼠标拖动圆孔特征放置到侧面,如图 8-58b,松开鼠标左键,即可将顶面的圆孔特征移动到侧面上,如图 8-58c 所示。若是同时按住键盘上的<Ctrl>键,即可复制圆孔特征到侧面上,结果如图 8-58d 所示。

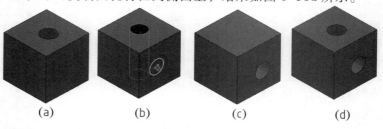

(a)　　　　　(b)　　　　　(c)　　　　　(d)

图 8-58　特征移动及复制

现场经验

➤ 若要改变 FeatureManager 设计树中的特征名称，在特征名称上慢按鼠标两次，再键入新的名称。

➤ FeatuerManager 设计树可视地显示出零件或装配体中的所有特征，当一个特征创建后，就加入到 FeatuerManager 设计树中，因此 FeatuerManager 设计树代表建模操作的先后顺序，通过 FeatuerManager 设计树，用户可以编辑零件中包含的特征。

➤ FeatuerManager 设计树最底部的横杠称为退回控制棒，用鼠标拖动退回控制棒，可以观察零部件的建模过程。

➤ 特征通常建于其他现有特征上。例如，用户先生成基体拉伸特征，然后生成其他特征，如凸台或切除拉伸。原有的基体拉伸是父特征；凸台或切除拉伸是子特征。子特征的存在取决于父特征。只要父特征位于其子特征之前，重新组序操作将有效。

➤ 如果重排特征顺序操作是合法的，将会出现指针 ↵，否则出现指针 🚫。

 练习题

1. 请按照上面的顺序自己试做一遍，体会作图顺序，回味作图过程。

2. 使用多实体命令，完成如图 8-59 所示支架的数字化设计。

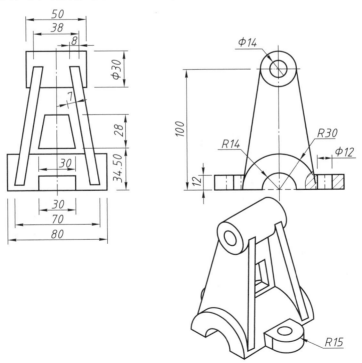

图 8-59　支架

3. 参照如图 8-60 所示支座模型，注意除去底部 8 mm 厚的区域外，其他区域壁厚都是 5 mm。注意模型中的对称、阵列、相切、同心等几何关系，部分尺寸见表 8-1（输入答案时请精确到小数点后两位，注意采用正常数字表达方法，而不要采用科学计数法）。

请问模型体积为多少？

表 8-1　支座尺寸　　　　　　单位：mm

位置	A	B	C	D	E
尺寸	112	92	56	30	18

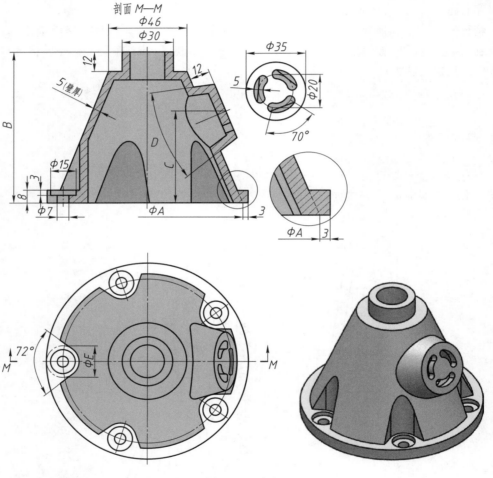

图 8-60　支座

项目九

电风扇叶片的数字化设计

技能目标

☐ 使用曲面设计的基本方法设计曲面零件

知识目标

☐ 曲面设计用户界面

☐ 曲面生成、曲面修改、曲面控制

🔘 任务引入

电风扇叶片如图 9-1 所示。本任务要求完成电风扇叶片的三维数字化设计。

🔧 任务分析

如图 9-1 所示，电风扇叶片首先采用曲面特征生成单个叶片，然后阵列复制，再利用曲面缝补、加厚形成一个整体特征，而其他部位采用实体造型方法，最终完成电风扇叶片的数字化设计。

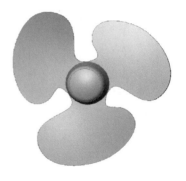

图 9-1　电风扇叶片

🔩 相关知识

曲面是一种可用来生成实体特征的几何体。从几何意义上看，曲面模型和实体模型所表达的结果是完全一致的。通常情况下可交替的使用实体和曲面特征。实体模型快捷高效，但仅用实体建模在实际的设计过程中是远远不够的，因此在许多情况下，用户需要使用曲面建模。一种情况是输入其他 CAD 系统的数据，生成了曲面模型，而不是实体模型；另一种情况是，用户建立的形状需要利用自由曲面并缝合到一起，最终生成实体。曲面特征一般用于完成相对复杂的建模过程。对于构造复杂的 3D 模型，如叶轮、凸轮、电子产品的外形、汽车零部件、船舶、飞机等的建模，都需要用曲面造型。因此曲面是 3D 设计中重要的建模手段。

创建曲面特征的方法和创建实体特征的方法有一些是相同的，例如拉伸、旋转、扫描、放样、切除等。但是由于曲面的特殊性，3D 软件中的曲面为有限大小的、连续的、处处可导的欧氏几何曲面，其理论厚度为 0 厚度的实体特征，所以它拥有更为灵活的特性，以至于让最终完成的特征实体具备更多的可塑性。针对曲面的特殊性，使得它也有一些特殊的创建方法，如剪裁、解除剪裁、延伸以及缝合等。曲面特征在大多数情况下是一种过渡特征，因为对于封闭的曲面实体，也可以增加其厚度后变成实体特征，因此，很多工业设计应用中都首先利用曲面建模，最后再将其转换为实体特征等。

在【曲面】工具栏上提供有曲面工具，如图 9-2 所示。

图 9-2 【曲面】工具栏

一、曲面生成

生成曲面有以下几种方法：

➤ 从草图拉伸曲面、旋转曲面、扫描曲面或放样曲面

➤ 从草图或基准面上的一组闭环边线插入一个平面

➤ 从现有的面或曲面等距曲面

➤ 生成中面

➤ 延展曲面

1. 平面区域

其命令执行有两种方式：

➤ 单击【曲面】工具栏中的【平面区域】按钮 ▱。

➤ 单击菜单栏【插入】→【曲面】→【平面区域】。

使用平面区域工具，可以从两个途径生成平面。

（1）由一个 2D 草图生成一个有限边界组成的平面区域，如图 9-3 所示。

图 9-3 由草图生成平面

（2）由零件上的一个封闭环（必须在同一个平面上）生成一个有限边界组成的平面区域，如图 9-4 所示。

2. 等距曲面

等距曲面又称为复制曲面，是指原曲面上的任何点，均在过该点的、曲面的法线方向上偏移一个指定的距离，从而形成一个新的曲面。当指定距离为 0 时，新曲面就是原有曲面的复制体。

其命令执行有两种方式：

图 9-4　由零件封闭环生成平面

➤ 单击【曲面】工具栏中的【等距曲面】按钮。

➤ 单击菜单栏【插入】→【曲面】→【等距曲面】。

（1）创建如图 9-5 所示的实体特征。

（2）单击【曲面】工具栏中的【等距曲面】按钮，弹出【等距曲面】属性管理器，激活【要等距曲面或面】列表框，在图形区选择"面<1>"，被选中的曲面的名称出现在列表框中，如图 9-6 所示。

➤ 注意：如果选择多个面，它们必须相邻。

在【等距距离】文本框中输入等距距离"10.00 mm"，生成的等距曲面的预览图形被显示，如图 9-6 所示。

➤ 注意：可生成距离为零的等距曲面。

图 9-5　实体特征　　　　　　　　　　图 9-6　【等距曲面】属性管理器及预览

单击【反转等距方向】按钮可更改等距的方向。

单击【确定】按钮，生成如图 9-7 所示的等距曲面。

3. 延展曲面

通过沿所选平面方向延展实体或曲面的边线来生成曲面。

其命令执行有两种方式：

➤ 单击【曲面】工具栏中的【延展曲面】按钮。

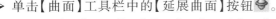

图 9-7　生成的等距曲面

➤ 单击菜单栏【插入】→【曲面】→【延展曲面】。

（1）单击【曲面】工具栏中的【延展曲面】按钮，出现【延展曲面】属性管理器，如图 9-8 所示。

（2）选取一个与延展曲面方向平行的参考基准面。

（3）激活【要延展的边线】列表框，在图形区选择"边线<1>"。

（4）注意箭头方向。如要指定相反方向，单击【反转延展方向】按钮。如果零件有相切面并且希望曲面继续绕着零件，选择【沿切面延伸】。在【延展距离】文本框中输入 "10.00 mm"。

（5）单击【确定】按钮，生成如图 9-9 所示的曲面。

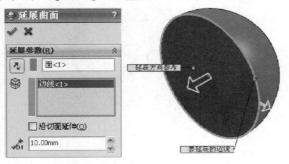

图 9-8　【延展曲面】属性管理器

图 9-9　延展得到的曲面

二、曲面修改

用户可以用下列几种方法修改曲面：
- 延伸曲面
- 剪裁已有曲面
- 圆角曲面
- 使用填充曲面来修补曲面
- 移动/复制曲面
- 删除和修补面

1. 延伸曲面

延伸曲面是指沿一条或多条边线，或者一个曲面来扩展曲面，并使曲面的扩展部分与原曲面保持一定的几何关系。延伸曲面与剪裁曲面正好相反，但两者均给定大小或边界对原曲面区域进行调整操作。

其命令执行有两种方式：
- 单击【曲面】工具栏中的【延伸曲面】按钮。
- 单击菜单栏【插入】→【曲面】→【延伸曲面】。

单击【曲面】工具栏中的【延伸曲面】按钮，出现【延伸曲面】属性管理器，激活【拉伸的边线/面】列表框，在图形区选择 "面<1>"，在【终止条件】选项中选择【距离】单选按钮，在【延伸距离】文本框输入 "5.00 mm"，在【延伸类型】选项中选择【同一曲面】单选按钮，单击【确定】按钮，生成延伸曲面，如图 9-10 所示。

2. 剪裁曲面

剪裁曲面是指使用曲面、基准面或草图作为剪裁工具在曲面相交处剪裁其他曲面。也可以将曲面和其他曲面联合使用作为相互的剪裁工具。

其命令执行有两种方式：
- 单击【曲面】工具栏中的【剪裁曲面】按钮。
- 单击菜单栏【插入】→【曲面】→【剪裁曲面】。

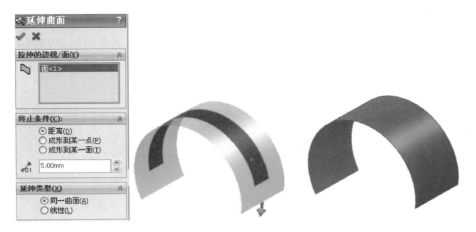

图 9-10　生成的延伸曲面

如图 9-11 所示，利用一草图对已有曲面进行剪裁。

单击【曲面】工具栏中的【剪裁曲面】按钮 ，出现【曲面-剪裁】属性管理器，在【剪裁类型】选项中选择【标准】单选按钮，激活【剪裁工具】列表框，在图形区选择"草图2"，激活【要移除部分】列表框，在图形区选择要移除的部分，单击【确定】按钮 ，生成剪裁曲面，如图 9-11 所示。

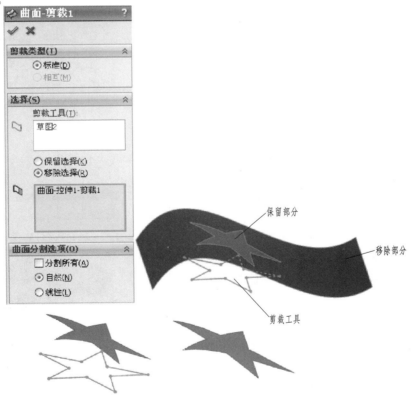

图 9-11　剪裁曲面

3. 填充曲面

填充曲面是指在现有模型边线、草图或曲线(包括组合曲线)定义的边界内构成带任何边数的曲面修补。用户可使用此特征来构造填充模型中缝隙的曲面。可以在下列情况下使用填充曲面工具:

➢ 纠正没有正确输入到 SolidWorks(有丢失的面)中的零件。

➢ 填充用于型心和型腔造型的零件中的孔。

➢ 构建用于工业设计应用的曲面。

➢ 生成实体。

➢ 包括作为独立实体的特征或合并那些特征。

其命令执行有两种方式:

➢ 单击【曲面】工具栏中的【填充曲面】按钮 ◈ 。

➢ 单击菜单栏【插入】→【曲面】→【填充曲面】。

下面以如图 9-12 所示的曲面实体为例讲述填充曲面的操作步骤。

(1)单击【曲面】工具栏中的【填充曲面】按钮 ◈ ,【填充曲面】属性管理器出现,如图 9-13所示。

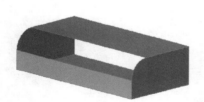

图 9-12　曲面实体

图 9-13　【填充曲面】属性管理器

(2)激活【修补边界】列表框,在 FeatureManaget 设计树中选择两条圆弧,在【曲率控制】下拉列表中选择【接触】选项,如图 9-14 所示。

(3)激活【修补边界】列表框,在 FeatureManaget 设计树中选择选择两条直线边界,在【曲率控制】下拉列表中选择【相切】选项,如图 9-15 所示。

(4)单击【确定】按钮 ✔ ,完成填充曲面,结果如图 9-16所示。

图 9-14　选择圆弧边界

图 9-15　选择直线边界　　　　　　　　　图 9-16　填充曲面结果

三、曲面控制

1. 缝合曲面

缝合曲面是将两张或两张以上曲面组合在一起所形成的曲面。缝合曲面的生成条件是多张曲面边线必须相邻并且不重叠，但不一定要在同一基准面上。对于缝合曲面，可以选择整个曲面实体，曲面不吸收用于生成它们的曲面，也就是说，那些曲面仍然可以单独选中，但当缝合曲面形成一闭合体积或保留为曲面实体时生成一实体。获得缝合曲面生成条件的途径有延伸曲面延伸到参考面后再进行裁剪和由封闭曲面的边线生成曲面区域等。

其命令执行有两种方式：

➤ 单击【曲面】工具栏中的【缝合曲面】按钮。

➤ 单击菜单栏【插入】→【曲面】→【缝合曲面】。

如图 9-17 所示，现有两个曲面，单击【曲面】工具栏中的【缝合曲面】按钮，出现【缝合曲面】属性管理器，激活【要缝合的曲面】列表框，在图形区选择"曲面—拉伸 1""曲面—基准面 1"，如图 9-18 所示，单击【确定】按钮，完成曲面缝合，生成一个曲面实体，如图 9-19 所示。

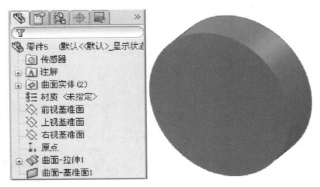

图 9-17　缝合前的曲面

2. 加厚曲面

其命令执行有两种方式：

➤ 单击【特征】工具栏中的【加厚】按钮。

➤ 单击菜单栏【插入】→【凸台/基体】→【加厚】。

下面是加厚一个曲面的操作步骤：

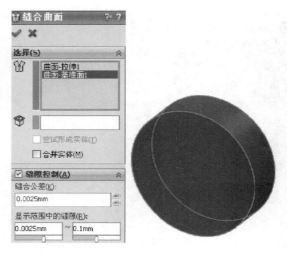

图 9-18 【缝合曲面】属性管理器

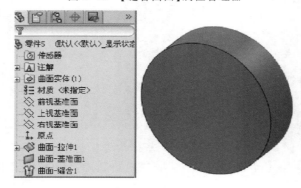

图 9-19 缝合后的曲面

（1）选择一个曲面，如图 9-20 所示。

（2）单击【曲面】工具栏中的【加厚曲面】按钮，出现【加厚】属性管理器，如图 9-21 所示。在【厚度】文本框输入"2.00 mm"，在图形区看到曲面加厚预览，如图 9-22 所示。

图 9-20　一个曲面

图 9-21　【加厚】属性管理器

（3）单击【确定】按钮，加厚结果如图 9-23 所示。

图 9-22　加厚预览　　　　　　　　　　　图 9-23　加厚结果

任务实施

步骤一　建立新文件

单击【新建】按钮，在弹出的【新建 SolidWorks 文件】对话框中单击【零件】图标，单击【确定】按钮，进入零件设计工作环境。单击【保存】按钮，将新文件保存为"风扇 . sldprt"。

步骤二　叶片制作

1. 单击 FeatureManager 设计树中的【前视基准面】，在【前视基准面】上打开一张草图，利用【圆】和【直线】命令绘制放样时的引导线草图，如图 9-24a 所示，该草图相对于过原点的中心线对称，单击图形区右上角的按钮，退出草绘模式。

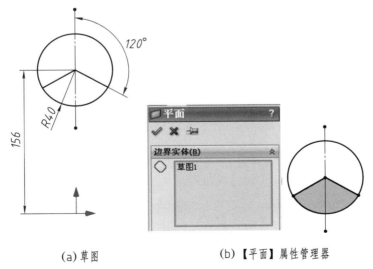

(a) 草图　　　　　　　　　　(b)【平面】属性管理器

图 9-24　草图和【平面】属性管理器

2. 单击【曲面】工具栏中的【平面区域】按钮，在【平面】属性管理器和绘图区域中进行设置和选择，如图 9-24b 所示，单击【确定】按钮✔。

3. 单击 FeatureManager 设计树中的【上视基准面】，单击【草图】工具栏中的【草图绘制】按钮✐，绘制如图 9-25a 所示的草图，使之完全定义，单击图形区右上角的按钮🔄，退出草绘模式。

4. 单击【曲面】工具栏中的【放样曲面】按钮🪣，在【曲面-放样】属性管理器和图形区进行设置，选择【结束约束】为"与面相切"，如图 9-25b 所示，单击【确定】按钮✔。

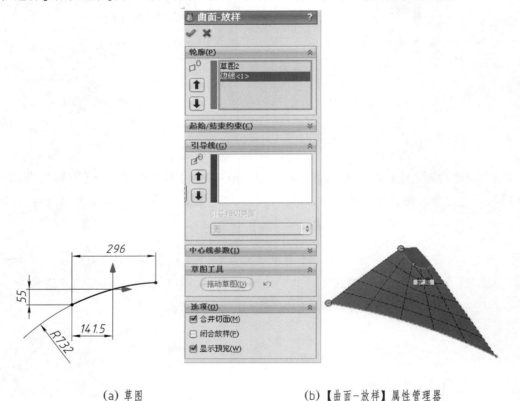

(a) 草图　　　　　　　　　　　　(b)【曲面-放样】属性管理器

图 9-25　草图和【曲面-放样】属性管理器

5. 单击 FeatureManager 设计树中的【前视基准面】，单击【草图】工具栏中的【草图绘制】按钮✐，绘制如图 9-26a 所示草图，单击图形区右上角的按钮🔄，退出草绘模式。

6. 单击曲面工具栏中的【剪裁曲面】按钮✂，在【曲面-剪裁】属性管理器和图形区中进行设置和选择，如图 9-26b 所示，单击【确定】按钮✔。

步骤三　叶片阵列

右键单击 FeatureManager 设计树中的【注解】，从快捷菜单中选择【显示注解】选项和【显示特征尺寸】选项，在图形区中将"草图 1"的尺寸"120°"显示出，单击【特征】工具栏中的【圆周阵列】按钮✿，出现【圆周阵列】属性管理器。激活【阵列轴】选择框🔄，用鼠标在图形

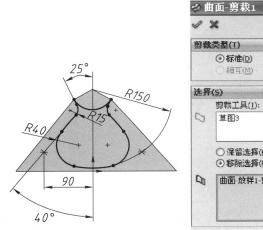 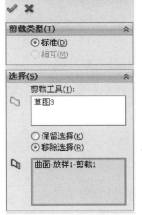 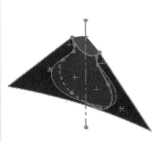

(a)草图　　　　　　　　(b)【曲面-剪裁】属性管理器

图 9-26　草图和【曲面-剪裁】属性管理器

区选择尺寸"120°";激活【角度】文本输入框，输入"360.00 度";激活【实例数】文本输入框，输入数值"3";勾选【等间距】,激活【要阵列的实体】选择框，用鼠标在图形区选择"曲面-基准面 1"和"曲面-剪裁 1",如图 9-27 所示,单击【确定】按钮，完成风扇叶片的阵列。

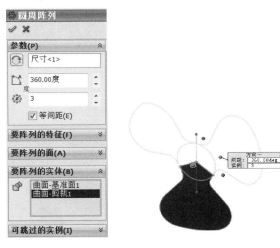

图 9-27　【圆周阵列】属性管理器

步骤四　叶片缝合

单击【曲面】工具栏中的【缝合曲面】按钮，出现【缝合曲面】属性管理器,激活【要缝合的曲面和面】选择框，用鼠标在图形区选择前述已阵列完成的叶片,如图 9-28 所示,单击【确定】按钮，完成叶片缝合。

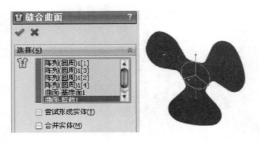

图 9-28　【缝合曲面】属性管理器

步骤五　叶片加厚

　　单击【曲面】工具栏中的【加厚】按钮 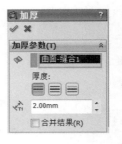，或在菜单栏单击【插入】→【凸台/基体】→【加厚】，出现【加厚】属性管理器。激活【要加厚的曲面】选择框 ，用鼠标在图形区选择前述已缝合的曲面，选择【厚度】为加厚两侧按钮 ，激活【厚度】文本输入框 ，输入数值"2.00 mm"，如图 9-29 所示。单击【确定】按钮 ，完成叶片曲面的加厚。

图 9-29　加厚属性管理器

步骤六　创建凸台

　　1. 选择叶片前面为草绘平面，利用【几何实体引用】命令完成如图 9-30a 所示草图，生成拉伸特征，注意按下【拔模开关】，设定拔模角度为 20°，如图 9-30b 所示，单击【确定】按钮 ，生成凸台拉伸特征。

(a) 草图　　　　　　　(b)【凸台-拉伸】属性管理器

图 9-30　草图和【凸台-拉伸】属性管理器

2. 单击【特征】工具栏中的【圆顶】按钮，在凸台的前端面生成圆顶特征，如图 9-31 所示，单击【确定】按钮。将凸台与圆顶交线处倒圆角，如图 9-32 所示。

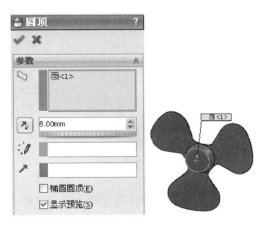

图 9-31 圆顶特征

图 9-32 圆角特征

3. 选择叶片背面为草绘平面，绘制如图 9-33 所示的草图，生成一深度为 20 mm 的孔。完成后的结果如图 9-34 所示。单击【保存】按钮，完成电风扇叶片的三维数字化设计。

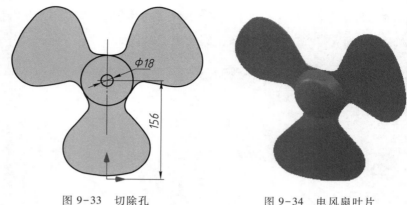

风扇视频
教学

图 9-33　切除孔　　　　　　　　图 9-34　电风扇叶片

 任务拓展

　　放样曲面、边界曲面和填充曲面的比较。放样曲面、边界曲面和填充曲面是在曲面设计中较常用的命令。理解三者在本质上的区别，将更有益于提高曲面的建模速度和创建曲面的质量。

　　1. 放样曲面是在两个或两个以上不同的轮廓线之间（通过引导线）过渡生成的曲面。其操作方法是：单击菜单栏【插入】→【曲面】→【放样曲面】，在系统出现的【曲面-放样】对话框中进行设置。

　　2. 边界曲面可用于生成在两个方向上（曲面所有的边）相切或曲率连续的曲面。其操作方法是：单击菜单栏【插入】→【曲面】→【边界曲面】，在系统出现的【边界-曲面】对话框中进行设置。

　　3. 填充曲面是将现有模型的边线、草图或曲线（如组合曲线）定义为边界，在其内部构建任何边数的曲面。其操作方法是：单击菜单栏【插入】→【曲面】→【填充曲面】，在系统出现的【填充曲面】对话框中进行设置。

　　通常情况下，与放样曲面相比，边界曲面更容易得到形状复杂和质量较高的曲面；填充曲面的边界必须是由连线构成的封闭环，有时它可以与放样曲面和边界曲面通用。

 现场经验

　➤ 缝合曲面必须是曲面与曲面之间的缝合，曲面与实体是不能做缝合的。

　➤ 曲面特征在大多数情况下是一种过渡特征，曲面的理论厚度为 0。单击菜单栏【插入】→【凸台/基体】→【加厚】，可以把曲面转换成具有一定厚度的实体。

 练习题

　　1. 请按照上面的顺序自己试做一遍，体会作图顺序，回味作图过程。

　　2. 请使用合适的方法完成如图 9-35 所示曲面实体模型的三维数字化设计。

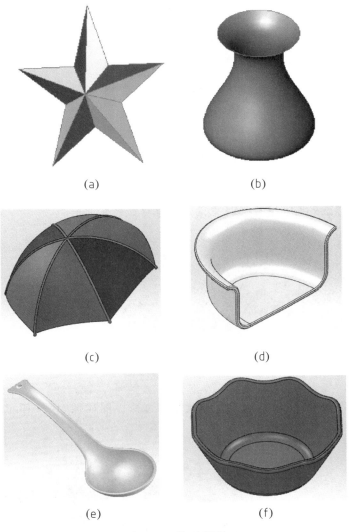

(a)　　　　　　　　　(b)

(c)　　　　　　　　　(d)

(e)　　　　　　　　　(f)

图 9-35　练习题图

项目十

铣刀头装配体的数字化设计

 任务引入

　　铣刀头装配如图 10-1 所示，铣刀头装配体的爆炸视图如图 10-2 所示。本任务要求完成铣刀头的虚拟装配以及装配体的爆炸视图。

图 10-1　铣刀头装配

图 10-2　铣刀头装配体爆炸视图

任务分析

　　装配体设计分为自下向顶设计（Down-Top Design）和自顶向下设计（Top-Down Design）两种方法。自下向顶设计是一种从局部到整体的设计方法，其主要思路是：先制作零部件，然后将零部件插入到装配体中进行组装，从而得到整个装配体。组成装配体的零部件，有些可以先使用前面学到的知识，创建好保存在适当的位置，供装配时调用；有些也可以在装配的时候在装配体的设计环境下新建；对一些标准件也可以从 Toolbox 标准库中直接选用。

　　出于制造目的，经常需要分离装配体中的零部件以形象地分析它们之间的互相关系。装配体的爆炸视图可以分离其中的零部件以便查看这个装配体。

 相关知识

一、零件装配

1. 新建装配体文件

　　在 SolidWorks 中创建装配体文件与创建零件的方法类似，通常使用装配体模板来创建新装配体文件。

　　创建新装配体文件的操作步骤为：

　　单击【标准】工具栏中的【新建】按钮，出现【新建 SolidWorks 文件】对话框，选择【装配体】图标，单击【确定】按钮 确定，进入装配体工作环境窗口。在【开始装配体】属性管理器中，单击【取消】按钮，进入如图 10-3 所示的装配体设计界面。

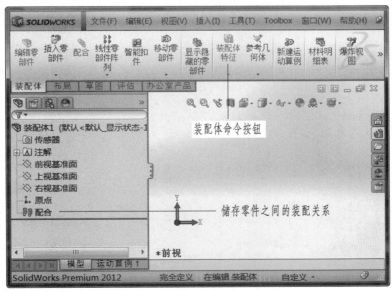

图 10-3　装配体设计界面

装配体的设计界面与零件的设计界面基本相同，只是在特征管理器中出现一个【配合】图标 🔗 配合，在工具栏中出现【装配体】工具栏，如图 10-4 所示。

图 10-4　【装配体】工具栏

2. 在装配体中插入零部件

当将一个零部件（单个零件或子装配体）放入装配体中时，这个零部件文件会与装配体文件链接。零部件出现在装配体中，零部件的数据还保持在源零部件文件中，因此对零部件文件所进行的任何改变都会更新装配体。

有多种方法可以将零部件添加到一个新的或现有的装配体中：

① 使用【插入零部件】属性管理器。

② 从一个打开的文件窗口中拖动。

③ 从资源管理器中拖动所需的零部件到装配体中。

④ 在装配体中拖动以增加现有零部件的实例。

⑤ 单击菜单栏中【工具】→【特征调色板】命令，在特征调色板窗口中拖动所需要的零部件到装配体中。

⑥ 使用【插入】→【智能扣件】来添加螺栓、螺钉、螺母、销钉以及垫圈到装配体中。

运用上述第一种方法将零部件插入到装配体中的操作步骤为：

（1）单击【装配体】工具栏中的【插入零部件】 📷 ，或单击菜单【插入】→【零部件】→【现有零件/装配体】命令，出现【插入零部件】属性管理器，如图 10-5 所示。

（2）单击【浏览】按钮，浏览文件所在位置，选取所需文件"弯板"，单击【打开】按钮。

（3）确定插入零件在装配体中的位置。将鼠标移至图形区，单击以放置零部件。在 FeatureManager 设计树中的"弯板"之前出现"固定"两字，说明该零件是装配体中的固定零件，如图 10-6 所示。

图 10-5　【插入零部件】属性管理器　　　　　　　　　　图 10-6　添加第一个零件后的装配体

（4）按步骤 1~3 插入另外的零部件，保存为"简单装配体 . sldasm"。

二、添加配合关系

SolidWorks 系统的配合是在装配体零部件之间生成几何约束关系。例如共点、垂直、相切等。添加配合时，可相对于其他零件来精确地定位零部件，还可定义零部件如何相对于其他零部件线性或旋转运动所允许的方向，使其可在其自由度之内移动零部件，从而直观化装配体的行为。

1. 装配的约束类型

在 SolidWorks 装配体中，可以选择以下配合类型：

➤ ⬈重合：使所选项目（基准面、直线、边线、曲面之间相互组合或与单一顶点组合），重合在一条无限长的直线上，或将两个点重合等。

➤ ⊥垂直：使所选项目保持垂直。

➤ ⬙相切：使所选的项目相切（其中所选项目必须至少有一项为圆柱面、圆锥面或球面）。

➤ ◎同轴心：使所选的项目位于统一中心点。

➤ ⬙平行：使所选的项目相互平行。

➤ ⬙距离：使所选的项目之间保持指定距离。

➤ ⬙角度：使所选项目以指定的角度配合。

➤ ⬙对称：使所选项目相对于基准面对称放置。

➤ ⬙凸轮推杆：使所选项目相切或重合放置（其中所选项目之一为相切曲线或凸轮的拉伸系列）。

2. 添加配合的应用

□ **实例一：标准配合应用**

（1）打开前面建立的"简单装配体 . sldasm"文件，如图 10-7 所示。

图 10-7　简单装配体

（2）单击【装配体】工具栏中的【配合】按钮 ✎，出现【配合】属性管理器，激活【要配合的实体】列表框，在图形区选择需配合的实体，单击【同轴心】、【重合】按钮，如图 10-8 所示，单击【确定】按钮 ✔，添加配合关系，单击【保存】按钮 🖫，完成装配。

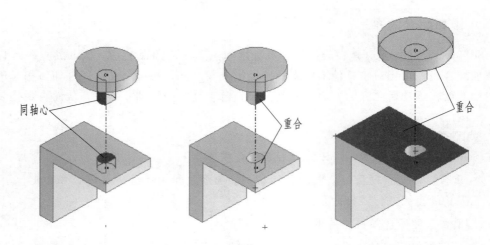

图 10-8　添加配合关系

□ **实例二：对称配合实例**

（1）单击【标准】工具栏中的【新建】按钮 □，出现【新建 SolidWorks 文件】对话框，选择【装配体】，单击【确定】按钮 ✓，进入装配体窗口，出现【插入零部件】属性管理器，选择【生成新装配体时开始指令】和【图形预览】复选框，单击【浏览】按钮，出现【打开】对话框，选择要插入的零件"底板"，单击【打开】按钮，单击原点，则插入"底板"，定位在原点。依次插入其余零件，单击【保存】按钮 💾，保存为"对称和限制实例.sldasm"，如图 10-9 所示。

（2）单击【配合】按钮 🔗，出现【配合】属性管理器，激活【要配合的实体】列表框，在图形区选择"滚柱面""底座圆弧面"，单击【同轴心】按钮，单击【确定】按钮 ✓，完成同轴心配合，如图 10-10 所示。

图 10-9　对称和限制实例

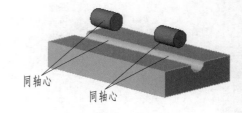

图 10-10　同轴心配合

（3）单击【配合】按钮 🔗，出现【配合】属性管理器，展开【高级配合】标签，单击【对称】按钮，激活【要配合的实体】列表框，在图形区选择两个"滚柱端面"，在【对称基准面】列表框中选择【右视】，单击【确定】按钮 ✓，添加对称配合，如图 10-11 所示。

□ **实例三：限制配合实例**

（1）单击【配合】按钮 🔗，出现【配合】属性管理器，展开【高级配合】标签，单击【距离】按钮 ⬗，激活【要配合的实体】列表框，在图形区选择两个"滚柱端面"，在【最大值】文本框

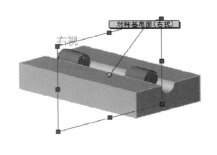

图 10-11　"滚柱端面"对称配合

内输入"100 mm"，在【最小值】文本框内输入"10 mm"，添加限制配合，单击【确定】按钮
，如图 10-12 所示。

（2）单击【移动零部件】按钮，出现【移动零部件】属性管理器，选择【自由拖动】选项，
指针变成形状，展开【选项】标签，选择【标准拖动】，按住鼠标拖动，观察移动情况。

□　**实例四：凸轮配合**

（1）单击【标准】工具栏中的【新建】按钮，出现【新建 SolidWorks 文件】对话框，选择
【装配体】，单击【确定】按钮，进入装配体窗口，出现【插入零部件】属性管理器，选择【生
成新装配体时开始指令】和【图形预览】复选框，单击【浏览】按钮，出现【打开】对话框，选择
要插入的零件"轴"，单击【打开】按钮，单击原点，则插入"轴"，定位在原点，依次插入其
余零件，单击【保存】按钮，保存为"凸轮系统"，如图 10-13 所示。

图 10-12　"滚柱端面"限制配合　　　　　　　图 10-13　凸轮系统

（2）单击【配合】按钮，出现【配合】属性管理器，分别选择"凸轮轴孔""轴"，单击
【同轴心】按钮，单击【确定】按钮，添加同轴心配合，如图 10-14a 所示。

（3）单击【配合】按钮，出现【配合】属性管理器，激活【要配合的实体】列表框，在图形
区选择"凸轮面""轴肩台"，单击【重合】按钮，单击【确定】按钮，完成重合配合，如图
10-14b 所示。

（4）单击【配合】按钮，出现【配合】属性管理器，激活【要配合的实体】列表框，在图形
区选择"凸轮前端面""挺杆前端面"，单击【重合】按钮，单击【确定】按钮，添加重合配

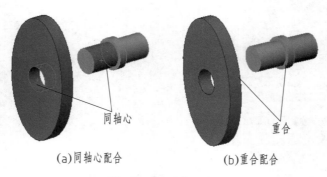

(a)同轴心配合　　　　　　　(b)重合配合

图 10-14　重合配合 1

合，如图 10-15a 所示。

（5）单击【配合】按钮 ✏，出现【配合】属性管理器，激活【要配合的实体】列表框，在图形区选择"凸轮右端面""挺杆右端面"，单击【重合】按钮，单击【确定】按钮 ✔，添加重合配合，如图 10-15b 所示。

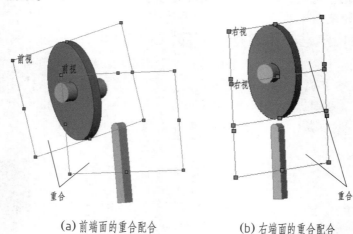

(a)前端面的重合配合　　　　　　(b)右端面的重合配合

图 10-15　重合配合

（6）单击【配合】按钮 ✏，出现【配合】属性管理器，展开【高级配合】标签，单击【凸轮】按钮，激活【要配合的实体】列表框，在图形区选择"凸轮面"，在【凸轮推杆】列表框选择"推杆端面"，添加凸轮配合，单击【确定】按钮 ✔，如图 10-16 所示。

（7）单击【旋转零部件】按钮 ⚙，出现【旋转零部件】属性管理器，选择【自由拖动】选项，指针变成 ⟳ 形状，展开【选项】标签，选中【标准拖动】单选按钮，按住鼠标拖动，观察移动情况。

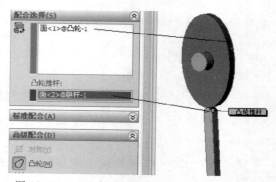

图 10-16　"凸轮面""推杆端面"凸轮配合

三、爆炸视图

出于制造目的，经常需要分离装配体中的零部件以形象地分析它们之间的互相关系。装配体的爆炸视图可以分离其中的零部件以便查看这个装配体。装配体爆炸后，不能给装配体添加配合。

一个爆炸视图包括一个或多个爆炸步骤。每一个爆炸视图保存在所生成的装配体配置中。每一个配置都可以有一个爆炸视图。

在 SolidWorks 中，有两种爆炸视图的方法：

➢ 自动生成爆炸装配体

➢ 自定义生成爆炸装配体

1. 自动生成爆炸装配体的方法

单击【装配体】工具栏中的【爆炸视图】按钮，出现【爆炸】属性管理器，激活【选项】列表，选中【拖动后自动调整零部件间距】和【选择子装配体的零件】复选框，在图形区选取"铣刀头装配体"，单击【应用】按钮，完成自动爆炸，如图 10-17a 所示。

2. 自定义生成爆炸装配体的方法

（1）单击【装配体】工具栏中的【爆炸视图】按钮，出现【爆炸】属性管理器。

（2）在图形区中选取"装配体"中的一个或多个零部件，此时被选中的零件出现在【设定】栏列表框中。同时，在图形区域中有一个彩色的三重轴出现。

（3）拖动三重轴中其中的某一个轴，将零件放置在图形区适当的位置完成零件的自定义爆炸。此时，在【爆炸】属性管理器的【爆炸步骤】中出现图标，记录第一个爆炸步骤。

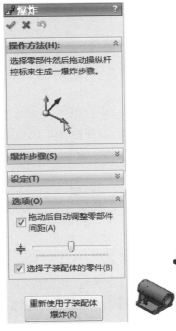
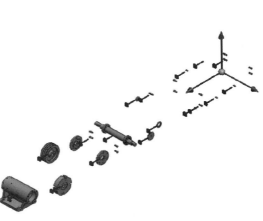

(a)生成自动爆炸

(b)爆炸步骤

图 10-17　自定义爆炸

（4）重复步骤 2、3，完成其他零部件的自定义爆炸，如图 10-17b 所示。

（5）单击【确定】按钮，完成自定义爆炸视图的创建。

任务实施

铣刀头装配体主要由座架、轴、V 带轮、刀盘、圆锥滚子轴承、端盖、挡圈、毡圈、键、螺钉、销等零部件组成，其零部件三维图形如图 10-18 所示。

在上述组成铣刀头装配体的零部件中，有些在前面的学习过程中已创建并保存在适当位置的，装配时可直接调用；有些也可以在装配的时候在装配体的设计环境下新建；对一些标准件也可以从 Toolbox 标准库中直接选用。下面我们针对不同的部件，分别用不同的装配方法进行演示。

步骤一　创建轴与圆锥轴承的子装配

1. 新建轴与圆锥轴承的子装配。单击【标准】工具栏中的【新建】按钮，出现【新建 Solid-Works 文件】对话框，选择【装配体】，单击【确定】按钮　确定　，进入装配体窗口，出现【插入零部件】属性管理器，选中【生成新装配体时开始命令】和【图形预览】复选框。单击【浏览】按钮，出现【打开】对话框，选择要插入的零件"轴"，单击【打开】按钮。单击坐标原点，则插入"轴"，定位在原点，如图 10-19 所示。

2. 调用设计库中的标准件。因为圆锥轴承是标准件，故可调用 SolidWorks 插件 Toolbox 进

图 10-18　铣刀头零件

行轴与圆锥轴承的装配。如果是第一次使用 Toolbox，先要激活 Toolbox 插件。从 SolidWorks 菜单栏中单击【工具】→【插件】，在【插件】对话框的【活动插件】和【启动】列表框中，选择 "SolidWorks Toolbox" 和 "SolidWorks Toolbox Browser" 复选框，如图 10-20 所示。

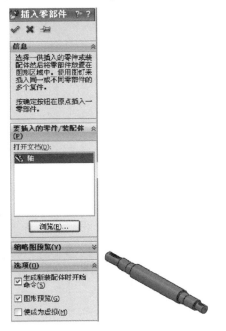

图 10-19　插入零件"轴"

图 10-20　激活 Toolbox 插件

3. 选择圆锥滚子轴承。单击【SolidWorks 设计库】按钮 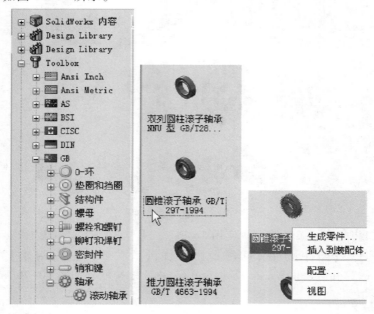，单击打开 toolbox/GB 条目，选中 "轴承/滚动轴承" 项。选中 "圆锥滚子轴承 GB/T297-1994" 单击鼠标右键，选 "插入到装配体" 选项，如图 10-21 所示。

图 10-21　选择圆锥滚子轴承

4. 选择圆锥滚子轴承尺寸系列。在【圆锥滚子轴承】属性管理器中，根据铣刀头的装配要求，选择 "尺寸系列代号" 为 "02"； "大小" 为 "30207"，如图 10-22 所示。

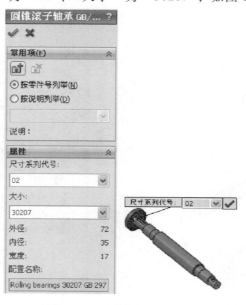

图 10-22　选择圆锥滚子轴承

5. 添加同轴心配合。单击［装配体］工具栏中的配合按钮 🔗，选取轴承内孔与轴圆柱表面的配合关系为"同轴心"，如图 10-23 所示。

6. 添加重合配合。选取轴承右侧表面和 ϕ44 mm 轴台阶左侧面的配合关系为"重合"，如图 10-24 所示。

图 10-23　同轴心配合

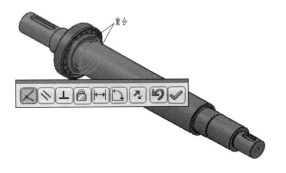

图 10-24　重合配合

7. 选取平键。单击打开 toolbox/GB 条目，选中"销和键/平行键"选项。选中"普通平键 GB1096-79"单击鼠标右键，选中"插入到装配体"选项，出现【普通平键】属性管理器，设置如图 10-25 所示。

8. 添加键与键槽的配合关系。单击【装配体】工具栏中的【配合】按钮 🔗，添加键底面与键槽底平面的配合关系为"重合"；添加平键头部圆弧和键槽圆弧之间的配合关系为"同轴心"；添加平键的侧表面和键槽内侧面之间的配合关系为"重合"，如图 10-26 所示。

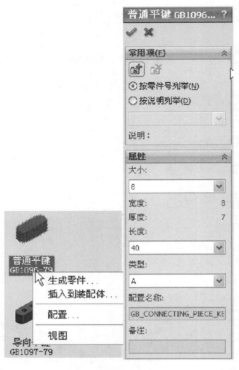

图 10-25　选取平键

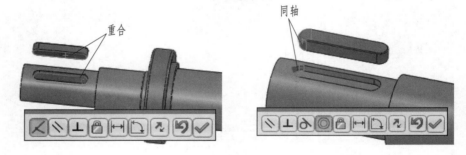

图 10-26　键与键槽配合关系

9. 用同样的方法可以装配右侧圆锥滚子轴承和平键，如图 10-27 所示。

轴-轴承子装
配视频教学

图 10-27　轴-轴承子装配

10. 子装配文件以"轴-轴承子装配.sldasm"为名保存在硬盘适当位置,供后续装配使用。

步骤二　完成铣刀头左端零部件的装配

1. 单击【标准】工具栏中的【新建】按钮 🗋,出现【新建 SolidWorks 文件】对话框,选择【装配体】,单击【确定】按钮 ▭确定▭ ,进入装配体窗口,出现【插入零部件】属性管理器,单击【浏览】按钮,选择要插入的零件"座架",单击【打开】按钮。单击坐标原点,则插入"座架",定位在原点,如图 10-28 所示。

2. 调出部分待装配零件。单击【插入】→【零部件】→【现有零件/装配体】按钮 🖐,分别调出"V带轮""端盖""毡圈""轴-轴承子装配""螺钉"等部分待装配零部件,如图 10-29 所示。单击【保存】按钮 💾,保存为"铣刀头装配.sldasm"。

图 10-28　插入座架

图 10-29　调出部分待装配零件

3. 完成"座架"与"轴-轴承子装配"的配合。单击【配合】按钮 🖉,出现【配合】属性管理器,激活【要配合的实体】列表框,在图形区选择"座架内孔"和"轴表面",单击【同轴心】按钮 ◎;选择"座架左端表面"和"轴承左端表面",单击【距离】按钮 ↦,输入配合距离为"11.5 mm",如图 10-30 所示。单击【确定】按钮 ✔,完成"座架"和"轴-轴承子装配"的配合。

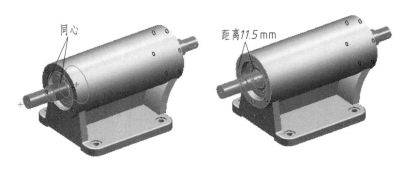

图 10-30　座架与轴-轴承子装配的配合

4. 完成"端盖"与"毡圈"的配合。单击【装配体】工具栏中的【配合】按钮 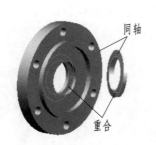，添加"端盖"和"毡圈"的配合关系为"同轴心"；添加"端盖内槽侧表面"和"毡圈侧表面"的配合关系为"重合"，如图 10-31 所示。

5. 完成"端盖"与"座架"的配合。单击【装配体】工具栏中的【配合】按钮 ，添加"端盖内孔"和"轴表面"的配合关系为"同轴心"；添加"端盖螺纹孔"和"座架螺纹孔"的配合关系为"同轴心"；添加"端盖右侧面"和"座架左侧面"的配合关系为"重合"，如图 10-32 所示。

图 10-31　端盖与毡圈的配合

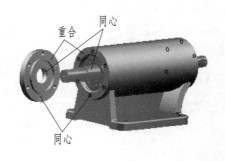

图 10-32　端盖与座架的配合

6. 完成"螺钉"的配合。单击【装配体】工具栏中的【配合】按钮 ，在完成一个 M8×20 mm 的螺钉与"端盖"的配合之后，单击【插入】→【零部件陈列】→【圆周陈列】，出现【圆周陈列】属性管理器，设置如图 10-33 所示，单击【确定】按钮 ，完成六个螺钉的装配。

图 10-33　螺钉圆周阵列

7. 完成"V 带轮"装配。单击【装配体】工具栏中的【配合】按钮 ，添加"V 带轮内孔"和"轴表面"的配合关系为"同轴心"；添加"V 带轮右端面"和"轴台阶面"的配合关系为"重合"；添加"V 带轮键槽侧面"和"键侧面"的配合关系为"重合"，如图 10-34 所示，单击【确定】按钮 ，完成"V 带轮"的装配。

8. 调入铣刀头左端剩余的待装配零件。单击【插入】→【零部件】→【现有零件】，分别插入"挡圈""螺钉""销"等部件，以完成铣刀头左端剩余的零件装配。

9. 完成"挡圈"装配。单击【装配体】工具栏中的【配合】按钮🖉，添加"挡圈螺钉孔"和"轴螺钉孔"的配合关系为"同轴心"；添加选择"挡圈销孔"和"轴销孔"的配合关系为"同轴心"；添加"挡圈右侧面"和"带轮内圆左侧表面"的配合关系为"重合"。

10. 完成"螺钉"的装配。单击【装配体】工具栏中的【配合】按钮🖉，添加"挡圈螺钉孔边线"和"螺钉边线"的配合关系为"同轴心"；添加"挡圈表面"和"螺钉表面"的配合关系为"重合"。

11. 完成"销"的装配。单击【装配体】工具栏中的【配合】按钮🖉，添加"销柱面"和"轴销钉孔内表面"的配合关系为"同轴心"；添加"销端面"和"挡圈端面"的配合关系为"重合"，单击【确定】按钮✔，完成铣刀头左端剩余零件的装配，如图10-35所示。

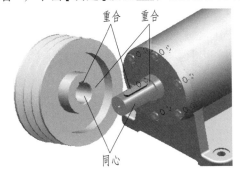

图 10-34　V 带轮装配

图 10-35　铣刀头左端零件的装配

步骤三　完成铣刀头右端零部件的装配

1. 调入"端盖"待装。单击【插入】→【零部件】→【现有零件】插入"端盖"。

2. 完成右侧"端盖"与"座架"的装配。单击【装配体】工具栏中的【配合】按钮🖉，添加"端盖内孔"和"轴表面"的配合关系为"同轴心"；添加"端盖螺纹孔"和"座架螺纹孔"的配合关系为"同轴心"；添加"端盖左侧面"和"座架右侧面"的配合关系为"重合"。单击【确定】按钮✔，完成"端盖"和"座架"的装配，如图10-36所示。

3. 在装配环境下建立新零件。单击【插入】→【零部件】→【新零件】，这时鼠标变成⬏✔形状，系统提示"选择放置新零件的面"，在FeatureManager设计树中选择【右视基准面】，单击【正视于】按钮⚓，将视图转正，在装配体上插入一个新零件。

4. 生成旋转特征。单击⬚变换成【线架图】模式，在【右视图基准面】上绘制如图10-37所示的旋转轮廓草图，单击【特征】工具栏中的【旋转】按钮🜨，生成"毡圈"的旋转特征。单击图形区右上角🔲图标，退出零件编辑。

5. 完成"螺钉"和"端盖"的装配。在完成一个螺钉与"端盖"的配合之后，单击【插入】→【零部件陈列】→【圆周陈列】。出现【圆周陈列】属性管理器，设置如图10-38所示，单击【确定】按钮✔，完成右侧六个螺钉的装配。

6. 完成铣刀头全部零件装配。单击【插入】→【零部件】→【现有零件】，分别插入"刀盘"

"挡圈"等剩余的装配零件，添加适当的装配关系，最后完成铣刀头的全部装配，如图 10-39 所示。

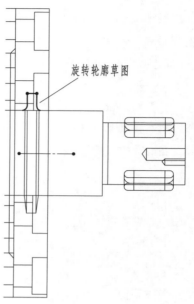

旋转轮廓草图

图 10-36　端盖与座架的装配　　　　图 10-37　旋转轮廓草图

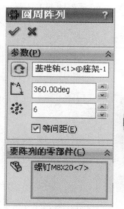

图 10-38　螺钉圆周阵列　　　　　　图 10-39　铣刀头装配体

步骤四　完成装配体爆炸视图

1. 打开【爆炸】属性管理器。单击【装配体】工具栏中的【爆炸视图】按钮 ，出现【爆炸】属性管理器，激活【选项】列表框，选中【拖动后自动调整零部件间距】和【选择子装配体的零件】复选框，如图 10-40 所示。

2. 完成自动爆炸视图。在图形区中拖动鼠标，全选"铣刀头装配体"，单击【应用】按钮 应用(P) ，完成自动爆炸，如图 10-41 所示。

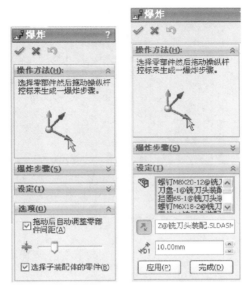

图 10-40 【爆炸】属性管理器

图 10-41 爆炸视图

步骤五 生成装配体爆炸视图动画

1. 解除爆炸视图动画。在 FeatureManager 设计树中，鼠标右击装配体名称图标 铣刀头装配 (爆炸视图<，在出现的快捷菜单中选择【动画解除爆炸】，出现【动画控制器】属性管理器，如图 10-42 所示，单击播放按钮 ▶，SolidWorks 播放铣刀头的解除爆炸的动画。

图 10-42 【动画控制器】属性管理器

2. 生成爆炸视图动画。在 FeatureManager 设计树中，鼠标右击装配体名称图标 铣刀头装配 (爆炸视图<，在出现的快捷菜单中选择【动画爆炸】，在【动画控制器】属性管理器中单击【保存动画】按钮 ，出现【保存动画到文件】属性管理器，如图 10-43 所示。

在【保存动画到文件】属性管理器中确定动画文件名称，文件格式（默认是 .avi），保存路径等后，单击【保存】按钮，在随后出现的【视频压缩】属性管理器中，设置【压缩质量】为"100"，单击【确定】按钮，SolidWorks 生成爆炸视图动画。

铣刀头装配 1
视频教学

铣刀头装配 2
视频教学

图 10-43　保存动画属性管理器

 任务拓展

　　自顶向下的设计方式。自顶向下设计（Top-Down Design）是由整体到局部的设计，其最显著的特征是从装配架构中开始设计工作，根据配合架构而确定零件的位置及结构。

　　本拓展任务是用自顶向下的设计方法，完成如图 10-44 所示的带轮装配。

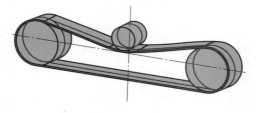

图 10-44　带轮装配

　　1. 单击【标准】工具栏中的【新建】按钮 ，出现【新建 SolidWorks 文件】对话框，选择【装配体】图标 ，单击【确定】按钮 确定 ，进入装配体工作环境窗口。在【开始装配体】属性管理器中，单击【生成布局】按钮 生成布局(L) ，系统进入布局环境。

　　2. 绘制如图 10-45 所示的装配布局草图，图中圆表示带轮，圆之间的切线表示皮带。标注尺寸并添加几何约束，单击图形区右上角的按钮 ，退出布局草图环境。

　　3. 单击下拉菜单【插入】→【零部件】→【新零件】，鼠标在图形区任意位置单击来放置新零件。这时在 FeatureManager 设计树中出现一个名为"（固定）［零件 1^装配体 1］"的新建零件。

　　4. 在 FeatureManager 设计树中右击 （固定）［ 零件1^装配体1 ］，在出现的快捷菜单

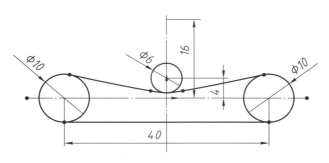

图 10-45　布局草图

中单击![按钮]按钮，进入编辑零部件环境。

5. 单击下拉菜单【插入】→【凸台/基体】→【拉伸】，选择【前视基准面】为草图平面，引用直径为 10 mm 的圆绘制草图，在【凸台-拉伸 1】属性管理器中，选择拉伸终止条件为【两侧对称】，输入拉伸深度值为 6 mm。单击【确定】按钮![按钮]，关闭【凸台-拉伸 1】属性管理器，单击图形区右上角按钮![按钮]，完成零件 1 的编辑，如图 10-46 所示。

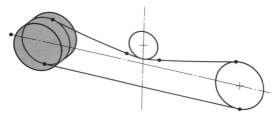

图 10-46　零件 1

6. 与创建零件 1 的方法相同，分别创建零件 2、零件 3、零件 4（皮带）；其中，创建零件 3 中拉伸特征草图时，先选择直径为 6 mm 的圆，然后向内等距 0.3 mm；零件 4 为拉伸-薄壁特征，深度值为 0.3 mm，采用系统默认的厚度方向。如图 10-47 所示，完成装配体的创建。

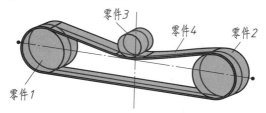

图 10-47　完成装配体的创建

 ## 现场经验

➤ 当装配体零部件的相互配合关系较为简单，这时自下而上设计方法是较好的选择，因为零部件是独立设计的，可以让设计人员更专注于单个零件的设计修改工作。

➤ 当装配体零部件间相互配合复杂，且相互影响的配合关系较多，在多数装配零部件外形尺寸未确定时，自顶向下的设计方法是最佳的选择。

➤ 用自顶向下进行设计时要仔细规划，不要随便更换文件名。

练习题

1. 使用 . sldprt 格式三维模型，按照上面的装配图自己做一遍，体会装配过程。
2. 将完成的铣刀头装配体生成爆炸视图，熟悉生成爆炸视图的方法步骤。
3. 设计如图 10-48 所示的装配体。

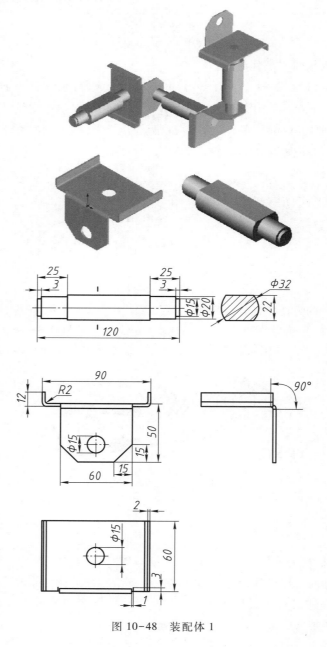

图 10-48   装配体 1

4. 参照如图 10-49 所示构建零件模型，并安装到位。注意原点坐标方位。单位为 mm。假定所有零件的密度相同。其中 $A = 60$ mm，$B = 20$ mm，$C = 20$ mm，$D = 32°$。

问题：

① 整个装配体体积为多少？

② 参照题图坐标系，提取模型重心坐标，其中 X 坐标值为多少？

③ 重心点 Y 坐标值为多少？

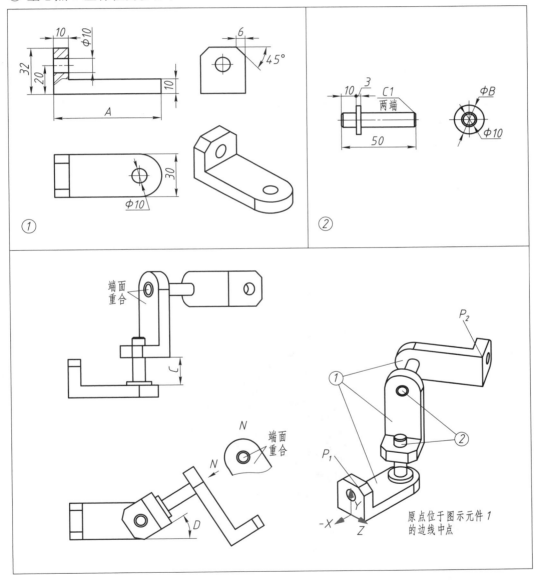

图 10-49　装配体 2

项目十一

铣刀头座体的工程图生成

技能目标

☐ 具有使用零件生成工程图的能力

知识目标

☐ 标准三视图

☐ 断开的剖面视图、剖面视图

☐ 局部视图

☐ 尺寸标注

☐ 工程符号

任务引入

前面已经学习了零件的三维建模，在实际生产中，我们还需将设计好的三维造型转换为工程图，本任务就是完成如图 11-1 所示的铣刀头座体工程图的建立，所建立的工程图如图 11-2 所示。

图 11-1　铣刀头座体

任务分析

由图 11-2 座体的工程图可以看出，要建立如图所示的工程图，首先要生成标准三视图，然后在三视图的基础上生成剖面视图、断开的剖面视图、投影视图等，完成工程图后还需在工程图上进行尺寸标注和工程符号标注。

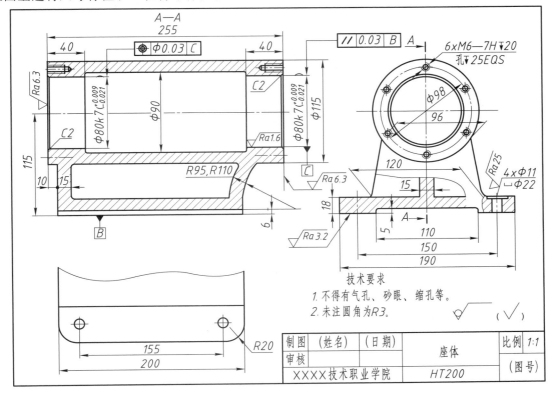

图 11-2　座体的工程图

 相关知识

一、工程图文件的建立

1. 单击【标准】工具栏中的【新建】按钮，出现【新建 SolidWorks 文件】对话框，选择【工程图】，单击【确定】按钮，如图 11-3 所示。出现【图纸格式/大小】对话框，有【标准图纸大小】、【自定义图纸大小】选项，选择【标准图纸大小】图纸格式，如图 11-4 所示。

2. 单击【确定】按钮，进入工程图界面，如图 11-5 所示。

二、工程图

1. 标准三视图

其命令执行有两种方式：

➢ 单击【工程图】工具栏中的【标准三视图】按钮 。

➢ 单击菜单栏【插入】→【工程视图】→【标准三视图】。

执行命令后，出现【标准三视图】属性浏览器，单击【浏览】按钮，出现【打开】对话框，选

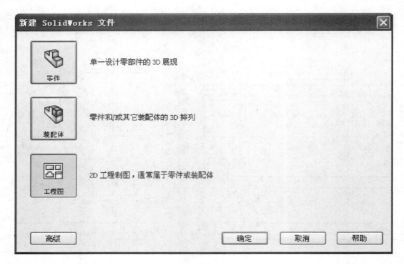

图 11-3　新建工程图对话框

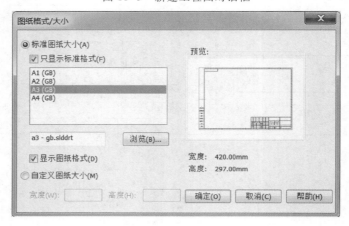

图 11-4　【图纸格式/大小】对话框

择零件文件，打开零件文件，单击【确定】按钮，生成标准三视图，如图 11-6 所示。

2. 剖面视图

其命令执行有两种方式：

➢ 单击【工程图】工具栏中的【剖面视图】按钮 ⚑。

➢ 单击菜单栏【插入】→【工程视图】→【剖面视图】。

（1）单击【标准】工具栏的【新建】按钮 ▢，在出现【新建 SolidWorks 文件】对话框中选择【工程图】，单击【确定】按钮，根据零件大小设置图纸格式和大小，进入工程图界面。

（2）单击【查看调色板】按钮 ▦，出现【查看调色板】属性管理器，单击按钮 ⬚ 查找零件文件所在位置，打开零件文件，拖出【上视图】，如图 11-7 所示。

（3）单击【草图】工具栏上的【直线】按钮 ＼，绘制剖切线，如图 11-8a 所示。

（4）选择所绘制的中心线草图，单击【工程图】工具栏上的【剖面视图】按钮 ⚑，出现【剖面视图】属性管理器，如图 11-9 所示，将鼠标移到适当的位置放置视图，单击【剖面视图】属

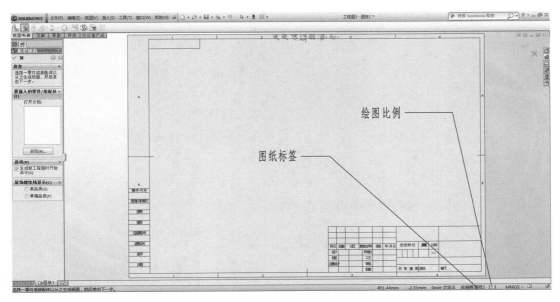

图 11-5　工程图界面

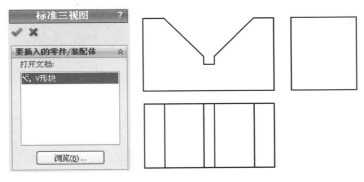

图 11-6　标准三视图生成

性管理器的【确定】按钮 ，如图 11-8b 所示。

操作说明：

➤ 绘制直线时要通过孔和槽的对称中心，且要超过视图中几何边线 2~3 mm。可添加几何约束保证直线通过孔和槽的对称中心。

➤ 可以在【剖面视图】属性管理器中命名剖视图的名称，修改标注，以及剖视图的投影方向等。

3. 断开的剖视图

其命令执行有两种方式：

➤ 单击【工程图】工具栏中的【断开的剖视图】按钮 。

➤ 单击菜单栏【插入】→【工程视图】→【断开的剖视图】。

（1）单击【标准】工具栏中的【新建】按钮 ，出现【新建 SolidWorks 文件】对话框，选择【工程图】图标，单击【确定】按钮，根据零件大小设置图纸格式和大小，进入工程图界面。

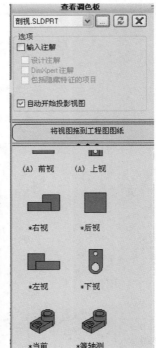

图 11-7 【查看调色板】属性管理器及上视图

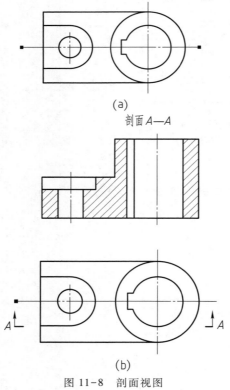

图 11-8 剖面视图

图 11-9 【剖面视图】属性管理器

（2）单击【查看调色板】按钮██，出现【查看调色板】属性管理器，单击按钮⬚查找零件文件所在位置，打开零件文件，如图 11-10 所示，拖出【前视图】和【上视图】，如图 11-11 所示。

（3）单击【草图】工具栏上的【矩形】按钮██，绘制矩形，矩形的一边通过视图的中心线，如图 11-12 所示。

（4）单击矩形线框，使得矩形线框处于被选中的状态，单击【工程图】工具栏中的【断开的剖视图】按钮██，出现如图 11-13a 所示的【断开的剖视图】属性管理器，激活【深度】列表框，选取【上视图】中的圆，如图 11-13b 所示。

（5）单击【确定】按钮✔，完成的剖视图如图 11-14a 所示。

（6）选取如图 11-14a 所示的边线，单击右键，弹出快捷菜单，在快捷菜单中选择【隐藏边线】按钮██，将边线不可见，单击【注解】工具栏上的【中心线】按钮██，补齐中心线，如图 11-14b 所示。

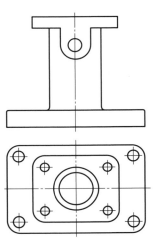

图 11-11　前视图和上视图

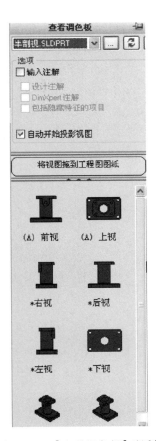

图 11-10　【查看调色板】对话框

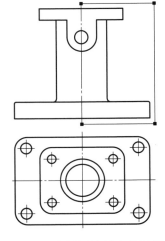

图 11-12　在【前视图】上绘制矩形

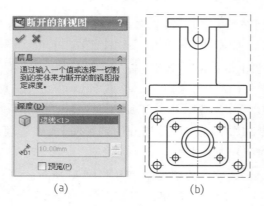

图 11-13 【断开的剖视图】属性管理器

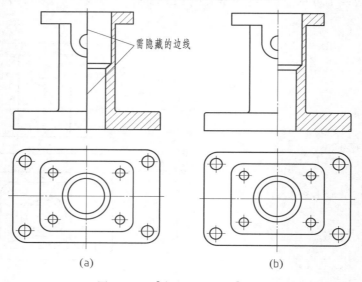

图 11-14 【断开的剖视图】生成

三、尺寸标注

Solidworks 工程图中的尺寸标注是与模型相关联的，在模型中更改尺寸，工程图中相应的尺寸也随之修改。

模型尺寸：一般指生成零件特征时标注的尺寸和由特征定义的尺寸。这些尺寸进行修改可直接改变特征的形状，可以对模型进行驱动和修改。

参考尺寸：利用标注尺寸工具添加到工程图中的尺寸。这些尺寸是从动尺寸，不能通过修改这些尺寸来更改模型。当模型更改时，这些尺寸也会随之更改。

 任务实施

步骤一　工程图图纸格式建立

1. 新建工程图文件。单击【标准】工具栏中的【新建】按钮 🗋，出现【新建 SolidWorks 文件】，选择【工程图】，单击【确定】按钮，出现【图纸格式/大小】对话框，根据零件大小设置图纸格式和大小，选择"A3（GB）"，进入工程图界面。

2. 根据机械制图国家标准对工程图的文字样式和标注样式进行重新定制。选择下拉菜单【工具】→【选项】，出现【系统选项】对话框，切换到【系统选项】选项卡，单击【显示类型】，进行如图 11-15 所示的设置；单击【显示/选择】选项，进行如图 11-16 所示的设置。切换到【文档属性】选项卡，单击【绘图标准】选项，在【绘图总标准】中选择【GB】标准。

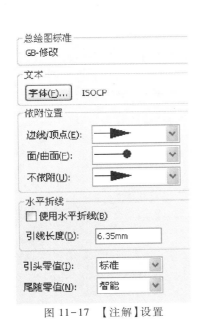

图 11-15　【显示类型】设置　　　　　　　　　图 11-16　【显示/选择】设置

单击【注解】，设置如图 11-17 所示。单击【注解】选项前的⊞，将注解选项展开，如图 11-18 所示。

单击【基准点】，设置如图 11-19 所示；单击【注释】，字体改为【仿宋 GB2312】。

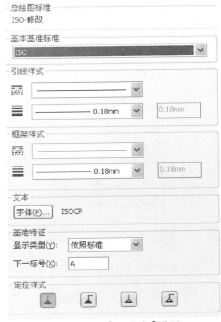

图 11-17　【注解】设置　　　　图 11-18　注解选项展开　　　　图 11-19　【基准点】设置

单击【尺寸】选项，设置如 11-20 所示。单击【尺寸】选项前的⊞，将尺寸选项展开，如图 11-21 所示。

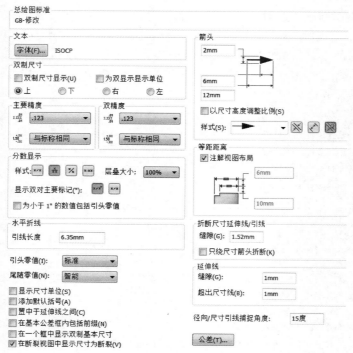

图 11-20 【尺寸】选项设置

单击【角度】，设置如图 11-22 所示；

单击【孔标注】，设置如图 11-23 所示；

单击【表格】选项，将【字体】设置为【仿宋】。

3. 投影类型设置。右击 FeatureManager 设计树中【图纸 1】选项，从快捷菜单中选择【属性】命令，出现【图纸属性】对话框，选择【投影类型】中的【第一视角】，根据模型大小，设置比例，单击【确定】按钮。

图 11-21 【尺寸】选项展开

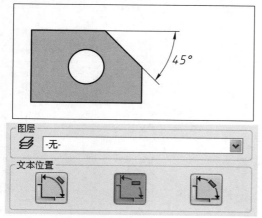

图 11-22 【角度】选项设置

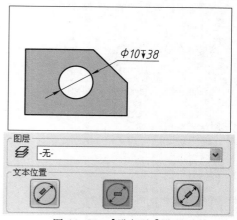

图 11-23 【孔标注】设置

4. 切换到编辑图纸格式状态。右击 FeatureManager 设计树中【图纸 1】选项，从快捷菜单中选择【编辑图纸格式】命令，切换到编辑图纸格式状态下。

按照图纸格式使用矩形命令、注释命令完成边框和标题栏的绘制以及标题栏的填写，如图 11-24 所示。

							阶段标记	重量	比例		
标记	处数	分区	更改文件号	签名	年 月 日		阶段标记	重量	比例		
设计			标准化						1:1		
校核			工艺								
主管设计			审核								
			批准				共 张 第 张		版本		替代

图 11-24 标题栏

鼠标右击 FeatureManager 设计树中【图纸 1】选项，从快捷菜单中选择【编辑图纸格式】命令，退出图纸编辑状态，进入到工程图工作环境。

5. 存盘。选择下拉菜单【文件】→【保存图纸格式】，出现【保存图纸格式】对话框，输入文件名为 "A3. slddrt"，单击【保存】按钮，完成新的工程图图纸格式。

步骤二 生成全剖的主视图

1. 调用新的工程图图纸格式，进入工程图工作环境。

2. 单击【查看调色板】按钮，出现【查看调色板】属性管理器，单击 按钮查找零件文件所在位置，打开零件文件，拖出【右视图】，如图 11-25 所示。

3. 由右视图剖切生成全剖的主视图。在右视图上绘制一条直线，与右视图的中心线重合，如图 11-26 所示。选取该直线，单击【工程图】工具栏中的【剖面视图】按钮，出现【剖面视

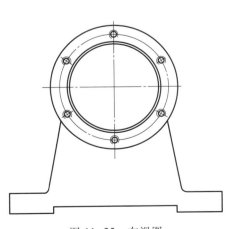

图 11-25 右视图

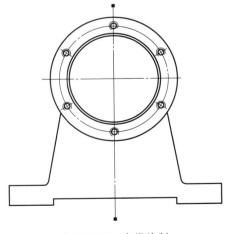

图 11-26 直线绘制

图】对话框，选中座体上的【筋】特征，如图 11-27 所示，单击【确定】按钮。出现【剖面视图】属性管理器，设置如图 11-28 所示，在图形区单击鼠标左键以确定视图位置，单击【确定】按钮 完成全剖的主视图。单击【注解】工具栏中的【中心线】按钮 ，添加中心线，全剖的主视图如图 11-29 所示。

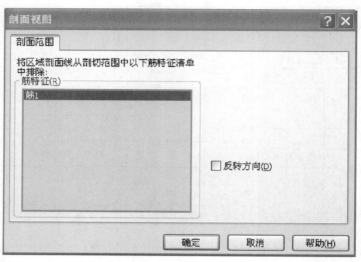

图 11-27　【剖面视图】对话框

图 11-28　【剖面视图】属性对话框

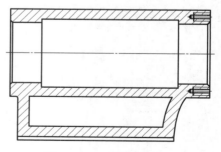

图 11-29　全剖的主视图

步骤三　完成局部剖的左视图

单击【草图】工具栏上的【样条曲线】按钮〜，在左视图上绘制如图 11-30 所示的样条曲线。选取样条曲线，单击【工程图】工具栏上的【断开的剖视图】按钮，出现【断开的剖视图】属性管理器，设置如图 11-31 所示。用同样的方法在左视图上绘制如图 11-32 所示的样条曲线，完成如图 11-33 所示的左视图的局部剖视。

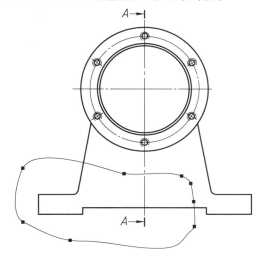

图 11-30　样条曲线绘制

图 11-31　【断开的剖视图】设置

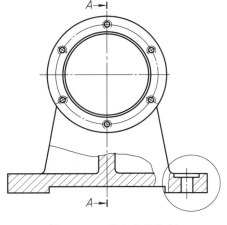

图 11-32　样条曲线绘制

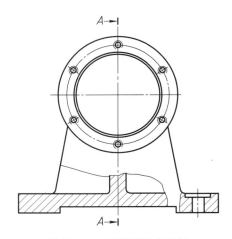

图 11-33　局部剖的左视图

步骤四　完成局部视图

1. 单击【工程图】工具栏上的【投影视图】按钮，选取左视图，鼠标向上拖动形成如图 11-34 所示的视图，选取投影视图，右键单击，弹出快捷菜单，在快捷菜单中选取【视图对齐】→【解除对齐关系】，将视图拖至主视图的下方，如图 11-35 所示。

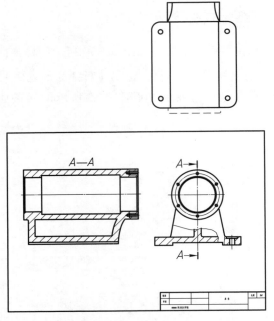

图 11-34 投影视图生成

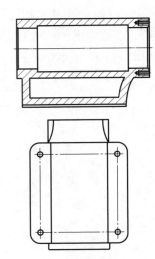

图 11-35 投影视图

2. 旋转视图。选取投影视图，单击鼠标右键弹出快捷菜单，在快捷菜单中选取【缩放／平移／旋转】→【旋转视图】，出现【旋转工程视图】对话框，输入【-90】，将视图旋转，如图 11-36 所示。根据投影关系对齐视图，选取投影视图，单击鼠标右键弹出快捷菜单，在快捷菜单中选取【视图对齐】→【原点竖直对齐】，将主视图和局部视图按照投影关系对齐。

3. 剪裁视图。绘制如图 11-37 所示的图形，选取图形，单击【工程图】工具栏上的【剪裁视图】按钮，完成如图 11-38 所示的局部视图的生成。

图 11-36 旋转、对齐后的视图　　　　　　　图 11-37 剪裁边界的绘制

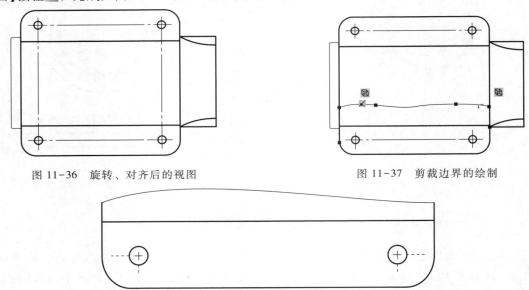

图 11-38 局部视图

步骤五　尺寸标注

1. 插入模型尺寸。单击【注解】工具栏上的【模型项目】按钮 ，出现【模型项目】属性管理器，如图 11-39 所示，激活【来源/目标】选项卡，选择【整个模型】选项，选择【将项目输入到所有视图】复选框，在【尺寸】选项卡中选择【选择所有】、【消除重合】复选框，如图 11-40 所示。单击【确定】按钮 ，在视图中插入了尺寸，如图 11-41 所示。

图 11-39　【模型项目】属性管理器

图 11-40　【模型项目】属性管理器设置

2. 调整尺寸。直接插入的模型尺寸标注不清晰，需要进行重新调整位置及标注形式，按照尺寸标注的要求，对上述尺寸进行调整。

双击需要修改的尺寸，在【修改】对话框中输入新的尺寸值，可修改尺寸；在工程图视图中拖动尺寸文本，可以移动尺寸位置，调整到合适的位置；在拖动尺寸时按住<Shift>键，可将尺寸从一个视图移到另一个视图；在拖动尺寸时按住<Ctrl>键，可将尺寸从一个视图复制到另一个视图中；右键单击尺寸，在快捷菜单中选择【显示选项】/【显示成直径】命令，更改显示方式；选择需要删除的尺寸，按住<Del>键即可删除指定尺寸；将带小数的尺寸圆整到个位；调整完毕，如图 11-42 所示。

3. 添加从动尺寸。在进行尺寸调整过程中，会删除一些标注不合理的尺寸，为了使标注更加清晰，可以使用【注解】→【智能尺寸】按钮 进行标注，使尺寸完整。

4. 标注尺寸公差。单击 ϕ80 mm 尺寸，出现【尺寸】属性管理器，设置如图 11-43 所示，单击【确定】按钮 。完成 $\phi80K7\left(\begin{array}{c}+0.009\\-0.021\end{array}\right)$ mm 尺寸公差的标注。用同样的方法完成其他尺寸公差的标注，完整的尺寸标注如图 11-44 所示。

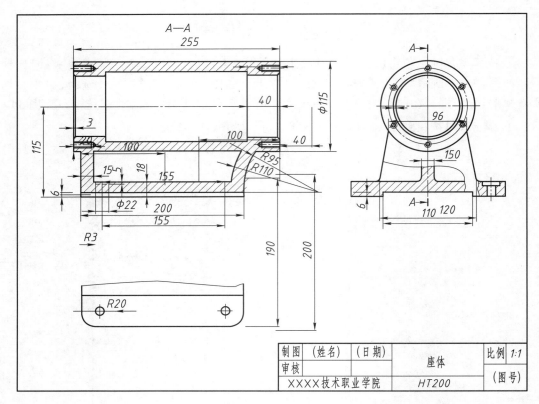

图 11-41　模型尺寸

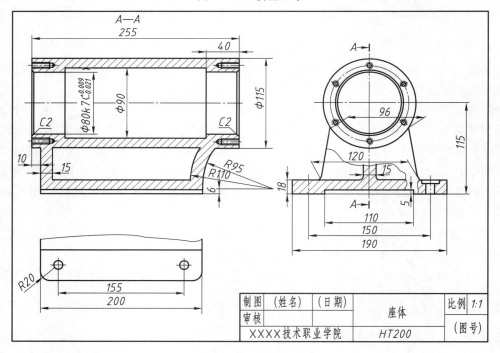

图 11-42　调整好的尺寸

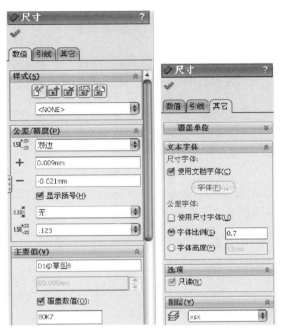

图 11-43　【尺寸】属性管理器

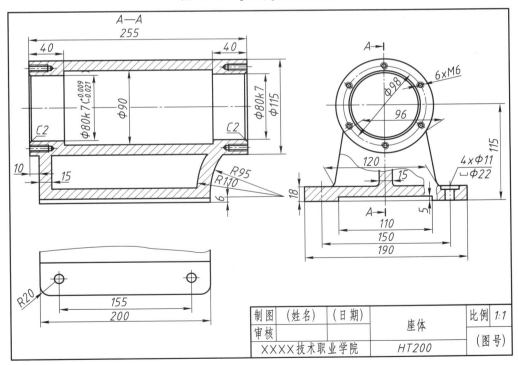

图 11-44　座体零件图的尺寸标注

步骤六　技术要求的标注

1. 标注"技术要求"文本。单击【注解】工具栏上的【注释】按钮 **A**，指针在图纸区适当位置选取文本输入范围，单击文本区域出现光标，输入所需文本，按<Enter>键换行，单击按钮 **⊗**，完成技术要求。

2. 标注几何公差。标注几何公差的基准，单击【注解】工具栏上的【基准特征】按钮 **⊞A**，弹出【基准特征】属性管理器，设置如图 11-45 所示的设置，在基准所在位置单击，放置基准如图 11-46 所示；单击【注解】工具栏上的【形位公差】按钮 **⊞**，出现【属性】对话框，设置如图 11-47 所示，此时鼠标后面跟着几何公差，在所需位置单击放置几何公差的位置，如图 11-48 所示。按照此方法，完成零件图上几何公差的标注。

图 11-45　【基准特征】属性管理器

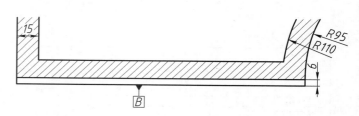

图 11-46　基准位置的确定

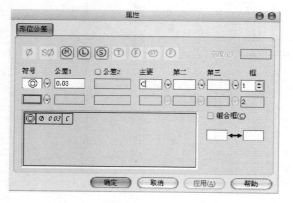

图 11-47　形位公差对话框

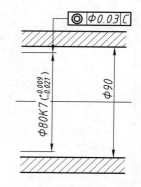

图 11-48　几何公差的位置

3. 标注表面粗糙度符号。单击【注解】工具栏上的【表面粗糙度符号】按钮 **√**，出现【表面粗糙度】属性管理器，设置如图 11-49 所示，鼠标后面跟着表面粗糙度的符号，在所需位置单击，完成表面粗糙度的标注。按照此方法，完成零件图上所有表面粗糙度的标注。

至此，完成了座体工程图生成，如图 11-50 所示。

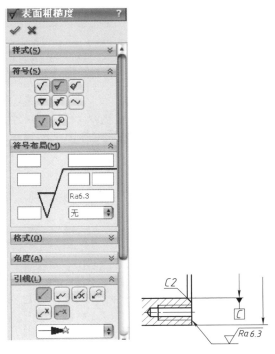

图 11-49　【表面粗糙度】属性管理器

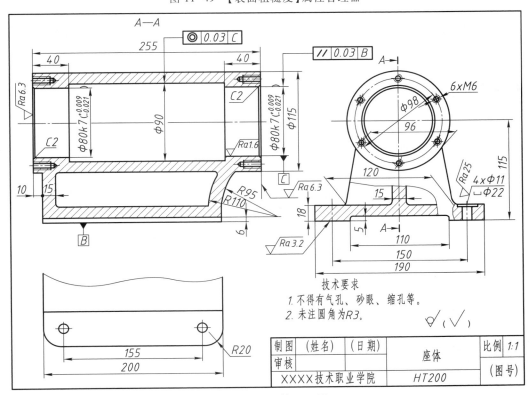

图 11-50　座体工程图

任务拓展

本任务拓展要求学会设置打印工程图的颜色，并且打印工程图。

1. 单张工程图图纸的设定

选择菜单栏【文件】→【页面设置】，出现【页面设置】对话框，在对话框中选择【单独设定每个工程图纸】，在【设定的对象】中选择图纸，然后选择图纸的设定，针对每张图纸重复设置然后单击【确定】，即可完成单张工程图图纸的设定。

2. 彩色打印工程图

◎选择菜单栏【文件】→【页面设置】，出现【页面设置】对话框，在对话框中【工程图颜色】下进行选择，然后单击【确定】。

自动。如果打印机或绘图机驱动程序报告能够彩色打印，将发送彩色信息。否则，文档将打印成黑白形式。

颜色/灰度级。不论打印机或绘图机驱动程序报告的能力如何，将发送彩色数据到打印机或绘图机。黑白打印机通常以灰度级或使用此选项抖动来打印彩色实体。当彩色打印机或绘图机使用自动设定以黑白打印时，使用此选项。

黑白。不论打印机或绘图机的能力如何，将以黑白发送所有实体到打印机或绘图机。

◎选择菜单栏【文件】→【打印】。在对话框中的【文件打印机】下，从【名称】中选择一个打印机。

◎单击【属性】按钮，检查是否适当设定了彩色打印所需的所有选项，然后单击【确定】按钮。

◎单击【确定】按钮，完成工程图打印。

 现场经验

➤ 零件或装配体在生成其关联工程图之前必须进行保存。

➤ 若想在现有工程图文件中选择一不同的图纸格式，在图形区域中用右键单击，然后选择属性。

➤ 必须从选项、工程图中选取在添加新图纸时显示图纸格式对话以在添加图纸时访问图纸格式。

➤ 若想解除锁定视图、图纸或视图位置，单击右键然后选择解除视图锁焦（或双击视图以外）、解除图纸锁焦（或双击图纸）或者解除锁住视图位置。

➤ 当指针经过工程视图的边界时，视图边界被高亮显示。边界根据默认紧密套合在视图周围；不能将之手工调整大小。如果添加草图实体到工程图视图，边界将自动调整大小以包括这些项目。边界不会调整大小以包括尺寸或注解。视图边界和所包含的视图可以重叠。

 练习题

1. 请按照上面的顺序自己试做一遍，体会作图顺序，回味工程图的建立以及在零件图中标注各种技术要求的过程。

2. 按照如图 11-51 所示零件综合表达的要求绘制轴承座的工程图。

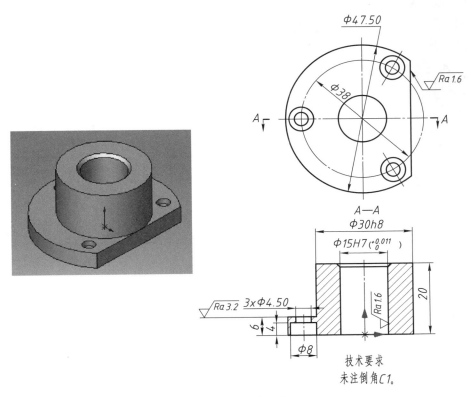

图 11-51 轴承座

3. 按照如图 11-52 所示的右端盖的零件生成零件工程图。

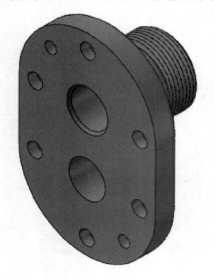

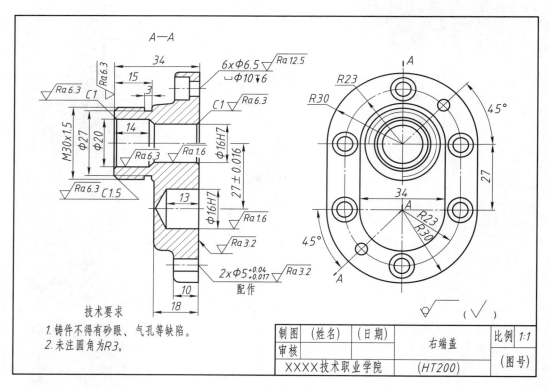

图 11-52　右端盖

项目十二

铣刀头装配体的工程图生成

技能目标

☐ 具有添加及编辑零件明细表的能力
☐ 具有在装配体的基础上生成装配体工程图的能力

知识目标

☐ 装配体工程图
☐ 零件序号
☐ 材料明细表

 任务引入

本任务要求将完成的铣刀头装配体生成装配体工程图。铣刀头装配体如图 12-1 所示。

图 12-1　铣刀头

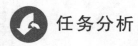 **任务分析**

本任务要求利用前面学到的工程图的生成方法生成铣刀头装配体的工程图，使用装配体工程图的视图生成、添加零件序号、明细栏等命令完成铣刀头装配体的工程图。

 相关知识

一、装配体工程图

装配体工程图的基本生成方法与零件工程图相似，在剖视图表达时，要确定零件是否进行剖切。根据需要隐藏部分边线，显示中心线和轴线。

二、零件序号

可以在工程图文档或者注释中生成零件序号。零件序号用于标记装配体中的零件，并将零件与材料明细表（BOM）中的序号相关联。在装配图的视图上可以插入各零件的序号，其顺序按照材料明细栏的序号顺序而定。

其命令执行有两种方式：

➤ 单击【注解】工具栏中的【自动零件序号】按钮 。

➤ 单击菜单栏【插入】→【注解】→【自动零件序号】。

命令执行后，选取想在其中插入零件序号的工程图视图，在【自动零件序号】属性管理器中设定属性，拖动一零件序号可为所有零件序号增加或减小引线长度，单击【确定】按钮 。此时零件序号会放在视图边界外，且引线不相交。

三、材料明细表

工程图中的零件明细表是通过表格的形式罗列装配体中零部件的各种信息，它的格式可以根据标准进行设置和编辑。

其命令执行有两种方式：

➤ 单击【注解】工具栏中的【材料明细表】按钮 。

➤ 单击菜单栏【插入】→【表格】→【材料明细表】。

执行命令后，选择一工程图视图来指定模型，在材料明细表 PropertyManager 中设定属性，在图形区域中单击来放置表格，然后单击【确定】按钮 。

 任务实施

步骤一　生成铣刀头装配图

1. 新建一个工程图文件，使用"A2. slddrt"模板，图纸属性中比例设置为 1 : 1。

2. 单击【查看调色板】按钮，出现【查看调色板】属性管理器，单击按钮查找铣刀头装配体文件所在位置，打开文件，拖出【左视图】，如图 12-2 所示。

3. 在左视图中绘制剖切线，生成如图 12-3 所示的全剖的主视图，根据机械制图国家标准，将实心杆件等零件按不剖处理，在【剖面视图】属性管理器中设置如图 12-4 所示。

4. 调整主视图。依据机械制图国家标准，对主视图进行调整。在选取不剖零件的过程中，并没有将轴选中，目的是为了能够在轴上手工完成剖中剖。对视图进行调整，将毛毡的剖切符号进行修改；加上中心线；对轴承的画法进行调整；最后完成的主视图如图 12-5 所示。

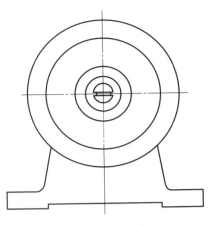

图 12-2　左视图

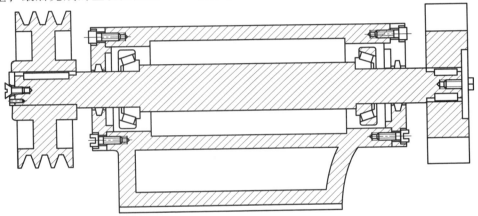

图 12-3　生成全剖的主视图

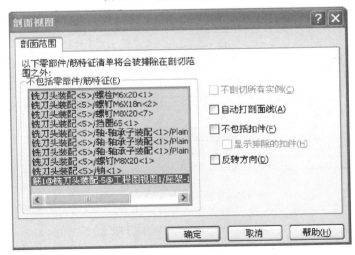

图 12-4　剖面视图属性对话框的设置

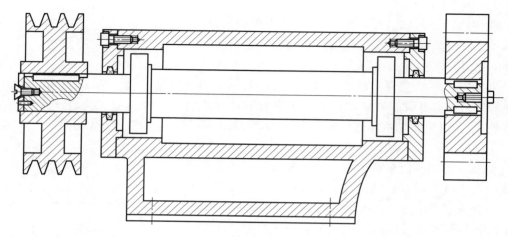

图 12-5　调整后的主视图

5. 调整左视图。隐藏带轮等零件并且对左视图进行局部剖。

步骤二　标注必要的尺寸

单击【注解】工具栏中的【智能尺寸】按钮，为装配体的工程图标注必要的尺寸。

步骤三　添加零件序号

单击【注解】工具栏中的【自动零件序号】按钮，出现【自动零件序号】属性管理器，对其中的选项进行设置，然后选择视图插入零件序号，如图 12-6 所示，单击【确定】按钮。

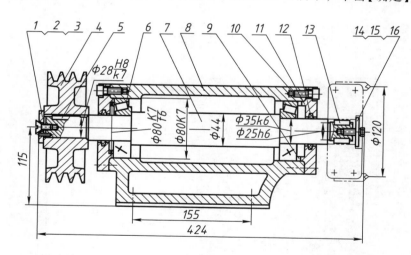

图 12-6　插入零件序号后的视图

步骤四　添加材料明细表

单击【注解】工具栏上的【总表】按钮，选择【材料明细表】按钮，出现【材料明细表】

属性管理器，选择主视图为指定模型，采用默认的【表模板】，单击【表定位点】按钮，选中【附加到定位点】复选框，在【材料明细表类型】选项卡中选择【仅限零件】单选按钮，如图 12-7 所示，单击【确定】按钮 ，出现材料明细表，如图 12-8 所示。

图 12-7　【材料明细表】属性管理器

16	垫圈6	1	65Mn	GB/T 93	6	轴承30307	2		GB/T 294
15	螺栓M6x20	1	Q235-A	GB/T 5783	5	键8x40	1	45	GB/T 1096
14	挡圈B32	1	35	GB/T 892	4	V带轮	1	HT150	
13	键6x20	2	45	GB/T 1096	3	销3x12	1	35	GB/T119.1
12	毛毡25	2	222-36	无图	2	螺钉M6x18	1	Q235-A	GB/T 68
11	端盖	2	HT200		1	挡圈35	1	Q235-A	GB/T 891
10	螺钉M6x20	12	Q235-A	GB/T 70.1	序号	名　　　称	数量	材　料	附　注
9	调整环	1	35		制图		日期	铣刀头	比例	1:2
8	座体	1	HT200		审核				
7	轴	1	45			XXXX职业技术学院			

图 12-8　材料明细表

调整后的铣刀头装配图工程图如图 12-9 所示。

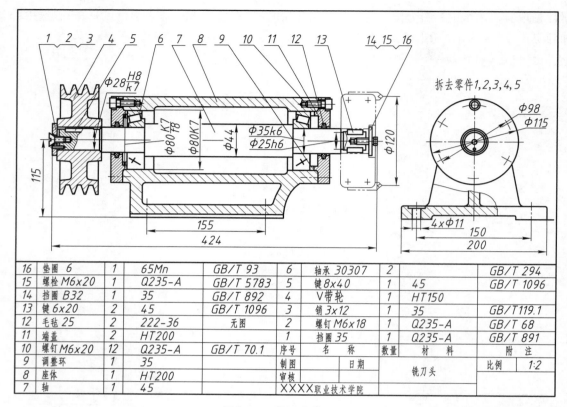

16	垫圈 6	1	65Mn	GB/T 93	6	轴承 30307	2		GB/T 294
15	螺栓 M6x20	1	Q235-A	GB/T 5783	5	键 8x40	1	45	GB/T 1096
14	挡圈 B32	1	35	GB/T 892	4	V带轮	1	HT150	
13	键 6x20	2	45	GB/T 1096	3	销 3x12	1	35	GB/T119.1
12	毛毡 25	2	222-36	无图	2	螺钉 M6x18	1	Q235-A	GB/T 68
11	端盖	2	HT200		1	挡圈 35	1	Q235-A	GB/T 891
10	螺钉 M6x20	12	Q235-A	GB/T 70.1	序号	名　称	数量	材　料	附　注
9	调整环	1	35		制图		日期		比例	1:2
8	座体	1	HT200		审核			铣刀头		
7	轴	1	45			XXXX职业技术学院				

图 12-9　铣刀头装配图

任务拓展

　　本拓展任务要求为工程图设定打印线粗。

　　单击菜单栏【文件】→【打印】，出现【打印】对话框，如图 12-10 所示，单击【线粗】按钮，出现【文档属性-线粗】对话框，如图 12-11 所示，根据需要更改显示的打印线粗的默认值，单击两次"确定"按钮，完成打印线粗的设置。

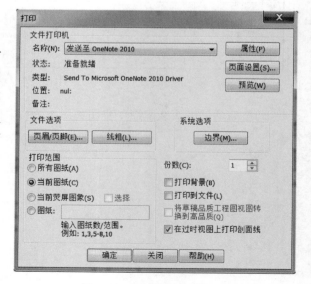

图 12-10　【打印】对话框

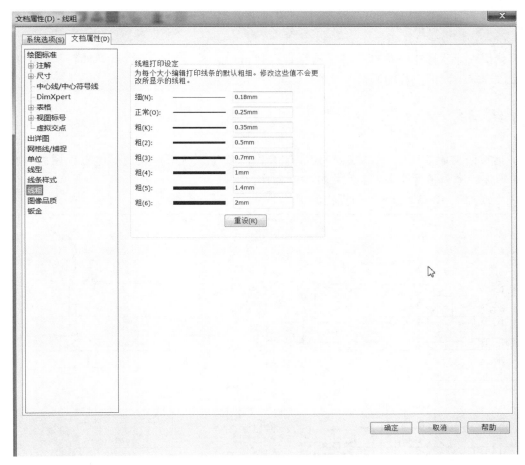

图 12-11　线粗设置

 现场经验

➤ 材料明细表不支持以下单元格格式类型：单元格上色（颜色和图案）、边框、文字方位（文字角度）、文字换行。

➤ 不要改变在材料明细表默认列中名称框的单元格名称。可以改变列标题的文字，但不能改变单元格名称。

➤ 若想更改与基于表格的材料明细表关联的零件序号中的项目号，在材料明细表 Property-Manager 中消除选择不更改项目号。若想在更改项目号后返回到装配体，单击按装配体顺序。若想更改与基于 Excel 的材料明细表关联的零件序号中的项目号，必须消除材料明细表属性对话框控制选项卡上的根据装配体顺序分配行号复选框。如果复选框已被选择（默认），将出现一信息，说明项目号不能被更改。

➤ 可将单个零部件移到工程图独自的图层中。在工程视图中右键单击零部件，选择零部件线型，然后从菜单中选择一图层。

➤ 消除选择材料明细表内容标签上的绿色复选符号将隐藏零部件，同时保留编号结构不变。

➤ 如要在工程图中一次查看多个图纸，选择窗口、新建窗口、然后平铺窗口。用户可在每个窗口选择不同的工程图图纸。

 ## 练习题

1. 请按照上面的顺序自己试做一遍，体会作图顺序，回味生成装配体工程图的过程，以及添加零件序号和零件明细栏工程中的关键操作。

2. 生成如图 12-12 所示机用虎钳的工程图。

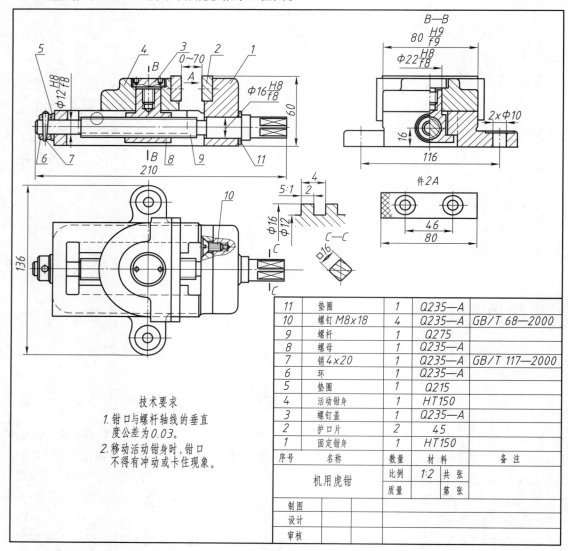

图 12-12　机用虎钳的工程图

项目十三

齿轮装配及运动模拟

任务引入

齿轮机构用来传递空间两轴的运动和力，根据一对齿轮实现传动比的情况，它可分为定传动比和变传动比齿轮机构。定传动比机构中的齿轮是圆形的，所以又称为圆形齿轮机构。这种机构可以保证传动比恒定，使机械运转平稳，因此在各种机械中获得更广泛的应用。本次任务要求完成如图 13-1 所示圆形齿轮机构的设计和运动模拟。

其中齿轮主要参数如下：

小齿轮：模数 "2 mm"，齿数 "18"，压力角 "20°"，面宽 "20 mm"，标称轴直径 "16 mm"。

大齿轮：模数 "2 mm"，齿数 "54"，压力角 "20°"，面宽 "20 mm"，标称轴直径 "36 mm"。

图 13-1　圆形齿轮机构

任务分析

在 SolidWorks 中，可以通过绘制渐开线的方法创建标准齿轮。也可以借助如 GearTrax（齿轮生成器）这样的第三方插件来进行齿轮的建模。除此之外，SolidWorks 还提供了另一系列更为方便的方式进行齿轮的建模，那就是调用 SolidWorks 集成的 Toolbox 工具，直接根据齿轮参数进行齿轮建模的方法。本次设计采用第三种方法，即调用 SolidWorks 集成的 Toolbox 工具，直接根据齿轮参数进行齿轮建模并且完成齿轮的装配和运动模拟。

相关知识

一、标准件工具库

标准件工具库 ToolBox 提供了多种标准(如 ISO、DIN 等)的标准件库。利用标准件库,设计人员不需要对标准件进行建模,在装配中直接采用拖放操作就可以在模型的相应位置装配指定类型、指定规格的标准件。

设计人员还可以利用 ToolBox 简单地选择所需标准件的参数,自动生成零件。ToolBox 提供的标准件以及设计功能包括:

➢ 轴承以及轴承使用寿命计算;

➢ 螺栓和螺钉、螺母;

➢ 圆柱销;

➢ 垫圈和挡圈;

➢ 拉簧和压簧;

➢ PEM 插件;

➢ 常用夹具;

➢ 铝截面、钢截面、梁的计算;

➢ 凸轮传动、链传动和皮带传动设计。

二、齿轮和齿轮副设计软件

齿轮和齿轮副设计软件 GearTrax 主要用于精确齿轮的自动设计和齿轮副的设计,通过指定齿轮类型、齿轮的模数和齿数、压力角以及其他相关参数,GearTrax 可以自动生成具有精确齿形的齿轮。GearTrax 可以设计的齿轮类型包括:直齿轮、斜齿轮和锥齿轮,链轮,齿形带齿轮,蜗轮和蜗杆,花键,V 带带轮等。主要特点和功能包括:

➢ 真正的精确渐开线齿廓,渐开线齿廓曲线可导入 SolidWorks 草图;

➢ 变位量自动计算;

➢ 支持塑料齿轮设计标准;

➢ 齿轮所有参数均可由用户控制;

三、运动算例

运动算例是装配体模型运动的图形模拟。SolidWorks 可将诸如光源和相机透视图之类的视觉属性融合到运动算例中。运动算例不更改装配体模型或其属性。它们模拟模型规定的运动。可使用 SolidWorks 配合在建模运动时约束零部件在装配体中的运动。运动算例工具有:

➢ 动画。可使用动画来显示装配体的运动:添加马达来驱动装配体一个或多个零件的运动。使用设定键码点在不同时间规定装配体零部件的位置。动画使用插值来定义键码点之间装配体零部件的运动。

➢ 基本运动。可使用基本运动在装配体上模仿马达、弹簧、接触以及引力。基本运动在计算运动时考虑到质量。基本运动计算相当快，所以可将之用来生成使用基于物理的模拟的演示性动画。

　　➢ 运动分析。可使用运动分析装配体上精确模拟和分析运动单元的效果（包括力、弹簧、阻尼以及摩擦）。运动分析使用计算能力强大的动力求解器，在计算中考虑到材料属性和质量及惯性。还可使用运动分析来标绘模拟结果供进一步分析。

 任务实施

步骤一　创建圆柱直齿轮

　　1. 开启 Toolbox 插件。选择【工具】→【插件】命令，从【插件】对话框中选取"SolidWorks Premium Add-ins 插件"类型中的【SolidWorks Toolbox】复选框，如图 13-2 所示，单击【确定】按钮，开启 Toolbox 插件。

图 13-2　【插件】对话框

　　2. 开启【任务窗格】工具栏。选择【视图】→【任务窗格】命令，开启"任务窗格"工具栏。

　　3. 打开设计库。单击【任务窗格】工具栏中的设计图标，弹出设计库列表栏。

　　4. 选择齿轮节点。展开"ISO"节点下的"动力传动"，并选择"齿轮"节点。此时，在下面的列表中显示出齿轮类的标准件图标，分别有"正齿轮""直齿内齿轮"和"齿条"等类型的齿轮零件。

　　5. 创建小齿轮。用鼠标单击选中"正齿轮"节点图标，在弹出的快捷菜单中选择【生成零件】命令，出现【正齿轮】属性管理器。设置"正齿轮"参数为：模数"2"，齿数"18"，压力角"20"，面宽"20"，毂样式中选择"类型 A"，标称轴直径"16"，键槽的类型为"方形（1）"。单击【确定】按钮 ✔，完成小齿轮创建，如图 13-3 所示。

图 13-3　创建小齿轮

　　6. 创建大齿轮。选中"正齿轮"节点图标，在弹出的快捷菜单中选择【生成零件】命令，出现【正齿轮】属性管理器。设置"正齿轮"参数为：模数"2"，齿数"54"，压力角"20"，面宽"20"，毂样式中选择"类型 A"，标称轴直径"36"，键槽的类型为"矩形（1）"。单击【确定】按钮 ✔，完成大齿轮创建，如图 13-4 所示。

图 13-4　创建大齿轮

步骤二　创建齿轮装配

1. 进入装配环境。单击【新建】按钮，出现【新建 SolidWorks 文件】对话框，选择【装配体】，单击【确定】按钮，进入装配体窗口。

2. 创建基准轴 1。单击【开始装配体】对话框中的【取消】按钮。然后选择【上视基准面】和【右视基准面】为参照实体创建基准轴 1，如图 13-5 所示。

3. 创建基准轴 2。首先，根据圆柱直齿轮分度圆直径公式 $D = M \times Z$ 计算配合齿轮轴心间距离。按啮合条件取轴心间距离 $(18+54) \times 2 / 2$，即 72 mm 作为大小齿轮间轴间的距离。然后，以【右视基准面】为参照实体创建距离为 72 mm 的基准面 1，再选择【上视基准面】和【基准面 1】为参照实体创建基准轴 2，如图 13-6 所示。

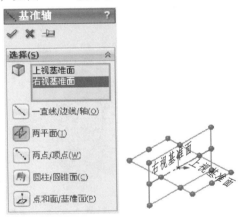

图 13-5　创建基准轴 1

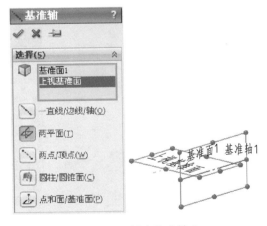

图 13-6　创建基准轴 2

4. 插入小齿轮。单击【插入】→【零部件】→【现有零件/装配体】按钮，插入小齿轮。单击【确定】按钮，将小齿轮固定在原点。

5. 让小齿轮可转动。在设计树中鼠标右击小齿轮节点 （固定）Gear(小)，从弹出的快捷菜

单中选择 浮动 (F) 命令，使小齿轮处于浮动状态。

6. 定位小齿轮。单击【配合】按钮，出现【配合】属性管理器，激活【要配合的实体】列表框，在图形区选择"小齿轮"内孔临时轴和"基准轴 1"，单击【重合】按钮，单击【确定】按钮。选择小齿轮侧面和"前视基准面"，单击【重合】按钮，单击【确定】完成小齿轮定位，如图13-7所示。

7. 插入大齿轮。单击【插入】→【零部件】→【现有零件/装配体】按钮，插入大齿轮。单击【确定】按钮，将大齿轮放置在合适的位置，如图 13-8 所示。

8. 定位大齿轮。单击【配合】按钮，出现【配合】属性管理器，激活【要配合的实体】列表框，在图形区选择"大齿轮"内孔临时轴和"基准轴 2"，单击【重合】按钮，单击【确定】按钮。选择小齿轮侧面和大齿轮侧面，单击【重合】按钮，单击【确定】按钮完成大齿轮定位，如图 13-9 所示。

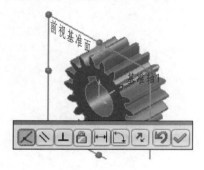

图 13-7　小齿轮定位

图 13-8　插入大齿轮

图 13-9　大齿轮定位

9. 使相接触的齿廓表面相切。在实际工作中，两个互相接触的齿廓表面应该处于相切的配合状态。因此，首先要添加"相切"的配合关系，如图 13-10 所示。

图 13-10　添加"相切"配合关系

图 13-11　【齿轮配合】属性管理器

10. 添加大小齿轮配合关系。单击【配合】按钮 ，展开"机械配合"，选择【齿轮配合】命令 齿轮(G)，激活【比率】文本栏，输入"1：3"，选择"反转"复选框来更改齿轮彼此相对的旋转方向；在激活【配合选择】列表框，选择齿轮的两个内孔；如图 13-11 所示。

步骤三　齿轮运动模拟

1. 删除齿廓表面的相切关系。鼠标右键单击 PropertyManager 中的"相切"，选择"删除"，删除大小齿轮相互接触的齿廓表面的相切关系，如图 13-12 所示。

图 13-12　删除齿廓表面的相切关系

2. 创建运动算例。在 PropertyManager 中，单击【运动算例】按钮 运动算例1 按钮，展开运动算例界面。

3. 设置运动参数。在【运动算例】工具栏中，单击【马达】按钮，出现【马达】属性管理器。激活【零部件/方向】列表框，在图形区选择小齿轮的侧面；激活【运动】列表框，选取"等速"，调整转速为"100 RPM"，其他采用系统默认设置，单击【确定】按钮 完成运动模拟参数设置，如图 13-13 所示。

4. 运动模拟。在【运动算例】工具栏中，选择运动类型为 基本运动 ，单击【计算】按钮 ，完成两个齿轮的运动模拟，如图 13-14 所示。

图 13-13　【马达】属性管理器

图 13-14　齿轮运动模拟

任务拓展

渐开线齿轮的精确设计。本拓展任务是要求使用 SolidWorks 软件"方程式驱动的曲线"工具，设计渐开线齿轮。

1. 齿轮渐开线齿廓的数学表达。渐开线齿轮齿形的轮廓形状如图 13-15 所示。轮廓形状主要是由渐开线、过渡曲线、齿顶圆、齿根圆围成。其中 AB 段是过渡曲线，BC 段是渐开线，其他就是齿顶圆和齿根圆的一段。

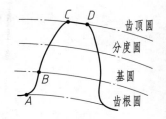

图 13-15 渐开线齿轮齿廓的曲线组成

渐开线是一直线沿一个圆的圆周做纯滚动时，直线上任一点留下的轨迹曲线，该直线称为渐开线发生线，该圆称为基圆。由渐开线的生成原理，可得到渐开线的参数方程为：

$$\begin{cases} X = r_b \ (\cos t + t\sin t) \\ Y = r_b \ (\sin t - t\cos t) \end{cases}$$

式中：X、Y 表示渐开线上任一点的直角坐标值；

r_b 为基圆半径；

t 为变参数，代表展角范围，从 $0 < t < 2\pi$ 之间变化。

齿轮模数 $m = 2$ mm，齿数 $z = 18$，压力角 $\alpha = 20°$，面宽 $b = 20$ mm，标称轴直径为 16 mm。

由渐开线齿轮相关公式可知：

齿根圆直径 $d_f = m \ (z - 2.5)$；

齿顶圆直径 $d_a = m \ (z+2)$；

分度圆直径 $d = mz$；

基圆直径：$d_b = d\cos\alpha = mz\cos\alpha$；

齿厚对应的圆心角 $\theta = 180°/z$

把齿轮参数代入公式，可得：

$$\begin{cases} X = 16.914 \ (\cos t + t\sin t) \\ Y = 16.914 \ (\sin t - t\cos t) \\ t_0 = 0 \quad t_1 = \pi/2 \end{cases}$$

2. 绘制齿轮的齿形渐开线。选择【前视图基准面】为草绘平面，打开一张草图。单击菜单栏中的【工具】→【草图绘制实体】→【方程式驱动的曲线】，出现【方程式驱动的曲线】属性管理器，在【方程式类型】列表中，选择【参数性】复选项 ◉参数性；分别输入方程式：$X_t = 16.914$ $(\cos t + t\sin t)$，$Y_t = 16.914$ $(\sin t - t\cos t)$；输入参数：$t_1 = 0$，$t_2 = \pi/2$；单击【确定】按钮 ✔，完成齿轮的齿形渐开线绘制，如图 13-16 所示。

3. 绘制齿根过渡曲线。固定齿形渐开线；再绘制 $\phi31$ mm、$\phi38$ mm、$\phi40$ mm 三个圆分别代表齿根圆、分度圆和齿顶圆；取 R 5 mm 和 R 0.5 mm 为圆弧半径绘制过渡曲线，连接齿形渐开线和齿根圆，添加【相切】几何关系，如图 13-17 所示。

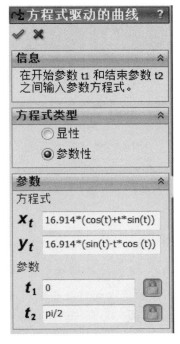

(a)【方程式驱动的曲线】属性管理器

(b)齿轮齿形渐开线

图 13-16

4.绘制齿形轮廓。镜像齿根过渡曲线和齿形渐开线，修剪轮廓，完成如图 13-18 所示的齿形轮廓草图。

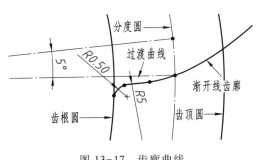

图 13-17　齿廓曲线

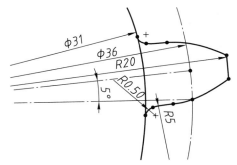

图 13-18　齿形轮廓草图

5.拉伸创建齿轮齿廓。分别拉伸齿根圆、齿形轮廓曲线，拉伸深度为 20 mm，如图 13-19 所示。

6.完成渐开线齿轮精确设计。圆周陈列 18 只齿，拉伸切除生成中间轴孔，完成渐开线齿轮的精确设计，如图 13-20 所示。

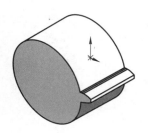

图 13-19　创建齿轮齿廓

图 13-20　渐开线齿轮

 现场经验

➤ SolidWorks 草图绘制工具中的"方程式驱动的曲线"工具，可通过定义笛卡儿坐标系的方程式来生成所需要的连续曲线。

➤ "方程式驱动的曲线"工具可以定义"显性"和"参数性"两种方程式。"显性"方程式在定义了起点和终点处的 X 值以后，Y 值会随着 X 值的范围而自动得出；而"参数性"方程式则需要定义曲线起点和终点处对应的参数（T）值范围，X 值表达式中含有变量 T，同时为 Y 值定义另一个含有 T 值的表达式，这两个方程式都会在 T 的定义域范围内求解，从而生成需要的曲线。

➤ 对于一般的方程式曲线，SolidWorks 曲线方程式工具都可以很好的支持，相比以往通过绘制关键点坐标等其他方法来说，在曲线精度、绘制效率和修改参数等方面都极大地方便了用户。

 练习题

1. 请按照上面的步骤创建两个圆柱直齿轮，完成齿轮机构装配，进行运动模拟。

2. 完成项目 10 铣刀头装配，在"V 带轮"处添加旋转马达，进行运动模拟。

3. 使用 SolidWorks 软件的曲线方程式工具，完成如图 13-21 所示斜齿轮精确三维造型数字化设计。齿轮的具体参数如下：法向压力角 $\alpha_n = 20°$；端面模数 $m_t = 2$ mm；齿数 $z = 20$；螺旋圈数 $n = 0.1$；齿轮宽度 $b = 30$ mm。

图 13-21　斜齿轮

参考文献

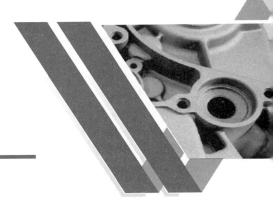

［1］ 魏峥．三维计算机辅助设计：SolidWorks实用教程．北京：高等教育出版社，2007.

［2］ 潘安霞．CAD/CAM技术：SolidWorks应用实训．北京：中国劳动社会保障出版社，2008.

［3］ 潘安霞．机械图样的绘制与识读．北京：高等教育出版社，2010.

［4］ 北京菁华锐航．三维CAD习题集．北京：清华大学出版社，2009.

［5］ DS SolidWorks公司．SolidWorks零件与装配体教程（2012中文版）．北京：机械工业出版社，2012.

［6］ 詹维迪．SolidWorks高级应用教程（2012中文版）．北京：机械工业出版社，2012.

［7］ DS SolidWorks公司．SolidWorks工程图教程（2012中文版）．北京：机械工业出版社，2012.